终有一天，
你会找回
不纠结
的自己

孙郡锴 编著

中国华侨出版社

图书在版编目（CIP）数据

终有一天，你会找回不纠结的自己 / 孙郡锴编著. —北京：中国华侨出版社，2016.4

ISBN 978-7-5113-6030-4

Ⅰ．①终… Ⅱ．①孙… Ⅲ．①人生哲学－通俗读物 Ⅳ．①B821-49

中国版本图书馆CIP数据核字（2016）第066922号

●终有一天，你会找回不纠结的自己

编　　著/孙郡锴
责任编辑/叶　子
封面设计/一个人·设计
经　　销/新华书店
开　　本/710毫米×1000毫米　1/16　印张/16　字数/220千字
印　　刷/北京溢漾印刷有限公司
版　　次/2016年11月第1版　2016年11月第1次印刷
书　　号/ISBN 978-7-5113-6030-4
定　　价/32.00元

中国华侨出版社　　北京市朝阳区静安里26号通成达大厦3层　　邮编100028
法律顾问：陈鹰律师事务所
编辑部：（010）64443056　　64443979
发行部：（010）64443051　　传真：64439708
网　　址：www.oveaschin.com
E-mail：oveaschin@sina.com

前 言

　　在当下这个思想压力大、生活节奏快的社会中，每个人的心理和精神上都承受了很大的负担。特别是在对高质量生活品质的追求中，有很多人因为对心理状态的调节不当，越发地纠结起来。一时间，纠结似乎成了现代人的一种通病，几乎所有人都深受影响：年轻人不能安心做事；中年人内心焦虑；老年人充满忧虑。纠结的情绪在心里挥之不去，痛苦、失望、遗憾、焦虑、内疚……这些负面情绪占据了我们的大部分生活，让原本精彩的人生黯然失色，让人体会不到宽容、真诚和美好。

　　其实，纠结都是你给自己找的烦恼。与其说是生活让你痛苦，不如说是你自己深度不够。如果你不自找烦恼，那么没有什么可以让你烦恼。一切源于你的内心，源于你放不下。

　　如果你能从全新的角度看待人生、看待自己，就会发现截然不同的世界。在这个世界中，你完全可以主宰自己的命运，把强大的、乐观的、自信的自己挖掘出来。

　　诚然，社会快节奏的发展虽然推动了经济，但也让我们以往静谧的内心躁动了起来。但如果我们还想在这个世界上快乐地行走，想要幸福、想要快乐，我们就必须避免被瘟疫一样蔓延的纠结情绪所侵袭，然而，有时外界环境我们根本不可能去左右，所以，恢复自己内心的宁静，是我们这个时代所需要的智慧。

我们的当务之急，就是为自己找到一种不纠结的活法，让那些不必要的烦恼自动消减，让那些无意义的纠结自动化解。这其实并不是什么难题，只看我们如何去解读生活的意义。

本书是一本全面而细致的、疏通纠结心理的"生活智慧集"，全书以生命体悟式的语言，告诉大家一个人在成长过程中，该如何运用自我愈疗法去化解和战胜大大小小的内心困扰。书中的文字通俗、灵动，事例生动、新颖，道理浅显易懂，是开明人生、幸福生活的最佳导师。

▌目 录 ❯

第一辑　想得开，是天堂；想不开，是地狱

人们常常觉得忧伤大于欢喜，悲哀大于幸福，那是因为我们总是把不属于痛苦的东西当作痛苦。大凡人世间的痛苦，多是因想不开。

第二辑 没有命中注定的不幸，只有放不开手的执着

失去只是一种姿势，得到并不等同于幸福。放弃不是没有斗志了，而是人生的另一种选择，为的是不浪费自己的生命，在自己一定会后悔的地方。

第三辑 快乐自在的人，记性往往都不好

对于不堪回首的往事，忘记就是最好的选择，人的一生短暂而脆弱，生命不能承载太多的负荷，无论风景有多美，我们只做短暂的欣赏，无论是悲还是喜，我们只当作生命的过客。

第四辑　聪明人，无谓争意气

　　一个人的胸怀决定了他人生的幸福度。一个人立身处世，如果任凭感性随意凌驾于理性之上，任由情绪控制理性，一定会给自己招惹很多麻烦。心有多大，世界就有多大。

第五辑　你力求完美，甚至苛刻，然而不过是一场镜花水月

每一个追求完美的人，在某种意义上说，都是一个可怜的人，因为等待他的永远只有失望。不要纯粹地追求完美，而是要用完美的眼光，去欣赏生命中的不完美。

第六辑　生活给你的，并不少；只是你想要的，实在多

人生不过是一张清单，你要的，你不要的，计算得太清楚的人通常聪明无比，但，换来的却是烦恼无数和辛苦一场。幸福并非拥有得多，而是奢求得少。

第七辑 真金白银，原来是最虐心的东西

罗马人凯撒大帝，威震欧亚非三大陆，临终告诉侍者说："请把我的双手放在棺材外面，让世人看看，伟大如我凯撒者，死后也是两手空空。"

第八辑 比字两把刀，一刀伤人，一刀伤己

人总爱跟别人比较，看看有谁比自己好，又有谁比不上自己。而其实，为你的烦恼和忧伤垫底的，从来不是别人的不幸和痛苦，而是你自己的态度。

第九辑　挤不进的世界，不要硬挤，做不来的事情，不要硬做

　　有些事情，要等到你渐渐清醒了，才明白它是个错误；有些东西，要等到你真正放下了，才知道它的沉重。苦苦追求无法得到的，不懂得珍惜现在拥有的，结果只是徒劳。

第十辑 什么事情都想干，这个世界你干不完

每个人都有五个不停旋转的球：工作、健康、家庭、朋友和灵魂。工作是橡胶球，掉下去会弹起来；而另外四个都是玻璃球，掉了，就碎了。

第十一辑 不羡慕别人，不怠慢自己

其实，在这个五光十色的世界，不羡慕别人，不怠慢自己。安然地过自己喜欢过的日子，就是最好的日子；自己喜欢的活法，就是最好的活法。

第一辑
想得开，是天堂；想不开，是地狱

　　人们常常觉得忧伤大于欢喜，悲哀大于幸福，那是因为我们总是把不属于痛苦的东西当作痛苦。大凡人世间的痛苦，多是因想不开。

一念地狱，一念天堂

同样一件事，思考角度的不同，会对我们产生不同的影响。好的想法，会让你自在轻松，坦然以对，坏的想法则令你纠结其中，永远离不开心中的牢笼。

在西方，很久以前的一次战争中，两名士兵不幸被捕入狱，他们被关在同一所牢房中，牢房设有一个小小的铁窗，这里仅有的一点微弱光线，就是由此射入的。

夜晚时分，二人不约而同地将目光投向窗外，只是他们一个人看到的是冰冷的窗棂，一人看到的是满天的繁星。

看到窗棂的人忧心忡忡：铁窗如此坚固，我究竟要待到何时何日才能脱离禁锢，与家人团聚呢？

看到繁星的人满心欢喜：真不错，虽然相距遥远，但还能和家人一起看星星！或许，我们正在看着同一颗星呢。

于是，前者无时不在忧伤中度过，形神憔悴，浑浑噩噩；后者总是一脸向往，憧憬着出狱后的美好生活，丝毫不像是在坐牢。

几年以后战争结束，幸存下来的战俘全部被释放。看到满天繁星的士兵迫不及待地朝着家乡奔去，而看见窗棂的士兵却迟迟没有出来——他死了，早在一年前就死了，是自杀……

想得开的是天堂，想不开是地狱。人，不可能永远顺风顺水，在我们遭遇困境时，怎样去看待，将决定一生的好坏。人生，充满了未知，既有快乐，也会有悲伤，关键看你关注的是什么。当人生中的不幸出现时，沉浸在悲伤中丝毫改变不了现状，所以不妨换个角度去看，你的生命也许就会进入另一番景象。想想发生在那两个士兵身上的事情，不就是这样吗？事实上，这件事还有延续。

很多年以后，一位名叫塞尔玛的美国年轻妇女陪伴丈夫驻扎在一个处于沙漠中的陆军基地。她的丈夫奉命到沙漠中去演习，她一个人留在陆军的小铁皮房子中，天气实在太热了，在仙人掌的阴影下也有华氏120度。她没有人可一起聊天，身边只有墨西哥人和印第安人，而他们都不会说英语。她感到非常难过，于是写信给父母，说要丢开一切回到家中去。她父亲的回信只有两行字，这两行字却永远留在了她的心中，完全改变了她的生活：

两个人从牢中向外望去……

一个看到铁窗，一个却看到了星星。

塞尔玛反复读着这封信，她感到非常惭愧。她决定要在沙漠中找到星星。塞尔玛开始和当地人交朋友，他们的反应使她非常惊奇，她对他们的纺织、陶器表示感兴趣，他们就把最喜欢但舍不得卖给观光客人的纺织品和陶器送给她。塞尔玛研究那些引人入迷的仙人掌和各种沙漠植物，又学习有关土拨鼠的知识。她观看沙漠日落，还寻找到几万年前的海螺壳，这片沙漠曾经是海洋……原来难以忍受的环境变成了令人兴奋、流连忘返的奇景。

事实上沙漠没有改变，印第安人也没有改变，只是塞尔玛的心态变了。心态一变，那些她原本认为恶劣的情况便成了一生中最有意义的冒险。她为发现新世界而兴奋不已，并为此写了一本书，并以《快乐的城堡》为名出版了。她终于从自己造的牢房中看到了星星。

同处一片天地间，是看到铁窗还是星星，这完全取决于你自己。同样，差不多的生活，让它变成一种悲哀还是希望，也全在你自己。我们有精力去抱怨铁窗，不如欣赏星星的美丽；有闲心去抱怨玫瑰的刺，不如去浇灌花朵的艳丽。纵然躺在阴沟里，我们同样有仰望星空的权利。

幸福，就是一种积极的思考

我们对自己已拥有的东西很难得去想它，但对所缺乏的东西却总是念念不忘。

一杯淡水、一壶清茗，其实可以品出幸福滋味；一本好书、一首音乐，足以带来幸福气息；一叠相片、一卷画册，亦可领略幸福风景。幸福与物质没有多少关系，它更多的是一种精神追求，追求的是心灵上的充实。

幸福是一种积极的思考，它是对生活的珍惜，对内心的自足。清晨，一缕阳光铺进房间，一睁开眼看到爱人在忙碌，做积极思考的人会在潜意识中感到这是一种幸福；夜晚，带着一身疲惫回到家中，看到爱人做好饭菜在等候，做积极思考的人会在潜意识中感到这是一种幸福；就算是在酷热的夏天喝上一杯凉开水，做积极思考的人也会觉得这是一种幸福……只要你的心态积极，幸福无时不有、无处不在。

其实，生活的现实对于每个人本来都是一样，但一经各人不同"心态"的诠释后，便代表了不同的意义，因而形成了不同的事实、环境和世界。心态改变，则事实就会改变；心中是什么，则世界就是什么。也就是说，心情的颜色会影响世界的颜色。如果我们对生活抱有一种达观的态度，就不会稍不如意便自怨自艾，只看到生活中不完美的一面。我们的身边大部分终日苦恼的人，或者说我们本人，实际上并不是遭受了多大的不幸，而是自己的内心素质存在着某种缺陷，对生活的认识存在偏差。

有位朋友，干什么都不顺利，濒临崩溃，他觉得自己的人生暗无天日，似乎已经找不到活下去的理由。他找到自己的老师，向老师诉说着自己的失意与苦恼。

老师听完他的抱怨，取来一张中间带有黑点的白纸，对他说："用你的心去看，你看到了什么？"

"是一个黑点，老师。"他有气无力地回答。

"这么大一张白纸你都没有看到？"老师故作惊讶，"那好吧，既然你眼中只有黑点，就盯着这个黑点看两分钟。记住！不能将眼睛移向别处，看看你会有什么发现。"

他依言而行。

"黑点似乎变大了。"

"是的，如果将眼睛集中在黑点上，它就会越来越大，乃至充斥你整个人生，这是非常不幸的。"说着，老师又取来一张黑纸，中间部位画有一个白点，"你再看看这张。"

他似乎有所领悟："是个白点，如果我一直看下去，它也会越来越大，对吗？"

"非常正确！如果你的心能够在黑暗中看到光明，并将它集中在光明上，你的世界也会越发明亮起来。"

有的人其实一直生活在幸福中，却总是感到备受煎熬，因为他习惯了去看生活中的"黑点"：某一个困难、某一次挫折，甚至可能就是一点点的不如意，就会唤起他们的消极想象，心灵被一种渗透性的负面因素所左右，黑点被越放越大，遮住了生活中原本的美好。其实，这种"糟透了"的感觉并不是事实，而是一种被严重夸大的、歪曲的消极意识和心理错觉。这种惯性的却又十分荒谬的心理倾向，其实正是使我们心灵备受煎熬的罪魁祸首。

真正快乐的人都善于做积极的思考，他们看到的多是生活中的"白点"：哪怕处在人生的低谷，也在接受生命中的阳光。在他们看来，跌倒了并不可怕，重要的是懂得站起来时手里能够抓到一把沙。跌倒了的确会痛，但快乐的人转念一想，手中抓了一把沙也是一种收获，尽管这把沙子看上去毫不起眼，可是积累多了也能聚沙成塔。

生活永远是这样矛盾辩证统一的，翻手为云，覆手为雨。在同一环境下，不同的思考会得到不同的心境。

那么：

如果有火柴在你的口袋中燃烧起来，可以这样告诉自己：感谢上苍，幸亏我的口袋不是火药库；

如果你的手指被扎了一根刺，可以这样告诉自己：幸亏没有扎在眼睛里；

如果你的一颗牙疼，可以这样告诉自己：幸亏不是满口牙疼；

如果你要去郊游，途中突然下起了雨，让人扫兴极了，可以这样告诉自己：老天真是照顾人，这么热的天怕我中暑，及时来降温；

米煮熟了，却忘了关掉电源，结果饭糊了，锅底结了一层厚厚的锅巴，别懊恼，可以这样告诉自己：真好，可以吃到一顿纯绿色、原汁原味的锅巴了；

就算是事业失败，你也可以把它当成成功路上的垫脚石，这样的故事有很多很多……

生命中的每一时刻，都去做这种积极的思考，会给我们的人生注入强大而神奇的精神力量，当困境来临之际，你就有能力将困境带来的压力升华为一种动力，将能量引向对己、对人、对社会都有利的方向，在获得心理平衡的同时，接近人生的成功。

这种积极的思考，其实就是给我们的生活一个假设，假设"黄连"可当"蜂蜜"尝，假设棚顶滴水亦可做琴声听，假设不幸就是幸运……这样转念一想，你眼前的景象就会大不一样。从某种意义上讲，这是给我们的心灵一种追求和期待，是一种心境的胜利和收获。

换个角度，会有另一番充满希望的景象

世上没有任何事情是值得痛苦的，你可以让自己的一生在痛苦中度过，然而无论你多么痛苦，甚至痛不欲生，你也无法改变现实。

痛苦是一种过度忧愁和伤感的情绪体验。所有人都会有痛苦的时刻，但如果是毫无原因的痛苦，或是虽有原因但不能自控、重复出现，就属于心理疾病的范畴了。这时如果还不及时调整，一味地痛苦下去，就会出问题——你随时可能崩溃掉。所以，我们需要改变的是对于问题的看法，这会引导我们走向解脱。

有一位朋友，刚刚升职一个多月，办公室的椅子还没坐热，就因为工作失误被裁了下来，雪上加霜的是，与他相恋了五年的女友在这时也背叛了他。事业、爱情的双失意令他痛不欲生，万念俱灰的他爬上了以前和女友经常散步的山。

一切都是那么熟悉，又是那么陌生。曾经的山盟海誓依稀还在耳边，只是风景依旧，物是人非。他站在半山腰的一个悬崖边，往事如潮水般涌上心头，"活着还有什么意思呢？"他想，"不如就这样跳下去，反倒一了百了。"

他还想看看曾经看过的斜阳和远处即将靠岸的船只，可是抬眼看去，除了冰冷的峭壁，就是阴森的峡谷，往日一切美好的景色全然不见。忽然间又是狂风大作，乌云从远处逐渐蔓延过来，似乎一场大雨即将来临。他给生命留了一个机会，他在心里想："如果不下雨，就好好活着，如果下雨就了此余生。"

就在他闷闷地抽烟等待时，一位精神矍铄的老人走了过来，拍拍他的肩膀说："小伙子，半山腰有什么好看的？再上一级，说不定就有好景色。"老人的话让他再也抑制不住即将决堤的泪水，他毫无保留地诉说了自己的痛苦遭遇。这时，雨下了起来，他觉得这就是天意，于是不言不语，缓缓向悬崖走去。老人一把拉住了他，"走，我们再上一级，到山顶上你再跳也不迟。"

奇怪的是，在山顶他看到了截然不同的景色。远方的船夫顶着风雨引吭高歌，扬帆归岸。尽管风浪使小船摇摆不定，行进缓慢，但船夫们却精神抖擞，一声比一声有力。雨停了，风息了，远处的夕阳火一样地燃烧着，晚霞鲜艳得如同一面战旗，一切显得那么生机勃勃。他自己也感到奇怪，仅仅一级之差，一念之别，却是两个不同的世界。

他的心情被眼前的图画渲染得明朗起来。老人说："看见了吗？绝望时，你站在下面，山腰在下雨，能看到的只是头顶沉重的乌云和眼前冰冷的峭壁，而换了个高度和不同的位置后，山顶上却风清日丽，另一番充满希望的景象。一级之差就是两个世界，一念之差也是两个世界。孩子，记住，在人生的苦难面前，你笑世界不一定笑，但你哭脚下肯定是泪水。"

几年以后，他有了自己的文化传播公司。他的办公室里一直悬挂着一幅山水画，背景是一老一少坐在山顶手指远方，那里有晚霞夕阳和逆风归航的船只。题款为："再上一级，高看一眼"。

当人生的理想和追求不能实现时，当那些你以为不能忍受的事情出现时，请换一个角度思考人生，换个角度，便会产生另一种哲学，另一种处世观。

一样的人生，异样的心态。换个角度看待人生，就是要大家跳出来看自己，跳出原本的消极思维，以乐观豁达、体谅的心态来观照自己、突破自己、超越自己。你会认识到，生活的苦与乐、累与甜，都取决于人的一种心境，牵涉到人对生活的态度，对事物的感受。你把自己的高度升级了，跳出来换个角度看自己，就会从容坦然地面对生活，你的灵魂就会在布满荆棘的心灵上做出勇敢的抉择，去寻找人生的成熟。

一个只懂抱怨的人，注定活在迷离混沌中

其实，快乐与不快乐完全取决于我们对于生活和人生的态度。有一则幽默小故事说，同样一个甜甜圈，在有些人眼中，因为它是甜甜圈，所以会觉得可口，所以感觉很开心；而在另外一些人眼中，因为它中间缺了一个洞，就会觉得遗憾而变得不开心。所以，快乐与不快乐完全是由我们自己决定的，而真正的快乐是从心底流出的。

有两个一起长大的孩子因为特殊原因失去了父母，后来都被来自

欧洲的外交官家庭所收养。两个人都接受了良好的教育。但他们两个人之间却存在着不小的差别：其中一个三十多岁就成了成功商人；而另一个在国内某所学校任教，待遇不错，但他一直觉得自己很失败。

那一年，在欧洲经商的孩子回国了，邀请亲友邻居一起吃饭，也包括在国内任教的那个孩子。他们一起去吃晚饭，晚餐在寒暄中开场了，大家谈论着这些年各自的发展变化以及所经历的趣闻轶事。随着话题的一步步展开，那位教师开始越来越多地讲述自己的不幸：他是一个如何可怜的孤儿，又如何被欧洲来的父母领养到遥远的地方，他觉得自己是如何的孤独。他怀着一腔报国的热忱回国，又是如何不受重视等。

开始的时候，大家都表现出了同情。随着他的怨气越来越重，那位经商的孩子变得越来越不耐烦，终于忍不住制止了他的叙述："够了！你一直在讲自己有多么不幸。你有没有想过，如果你的养父母当初在成百上千个孤儿中挑了别人又会怎样？"教师直视着他的发小——那个经商的孩子说："你不知道，我不开心的根源在于……"然后接着描述他所遭遇的不公正待遇。

最终，经商的孩子说："我不敢相信你还在这么想！我记得自己25岁的时候无法忍受周围的世界，我恨周围的每一件事，我恨周围的每一个人，好像所有的人都在和我作对似的。我很伤心无奈，也很沮丧。我那时的想法和你现在的想法一样，我们都有足够的理由抱怨。"他越说越激动，"我劝你不要再这样对待自己了！想一想你有多幸运，你不必像真正的孤儿那样度过悲惨的一生，实际上你接受了非常好的教育。你负有帮助别人脱离贫困旋涡的责任，而不是找一堆自怨自艾的借口把自己围起来。在我摆脱了顾影自怜，同时意识到自己究竟有多幸运之后，我才获得了现在的成功！"

那位教师深受震动。这是第一次有人否定他的想法，打断了他的凄苦回忆，而这一切回忆曾是多么容易引起他人的同情。

经商的孩子很清楚地说明，他们二人都曾在同样的环境下历经挣扎，而不同的是，他通过清醒的自我选择，让自己看到了有利的方面，而不是不利的阴影。

有句话说得好，"凡墙都是门"，即使你面前的墙将你封堵得密不透风，你也依然可以把它视作你的一种出路。琐碎的日常生活中，每天都会有很多事情发生，如果你一直沉溺在已经发生的事情中，不停地抱怨，不断地指责，总觉得别人都比你过得好，总觉得生活错待了自己。这样下去，你的心境就会越来越沮丧。一直只懂得抱怨的人，注定会活在迷离混沌的状态中，看不见前头亮着一片明朗的人生天空。

如果你失去一只手，
就庆幸自己还有另外一只手

很多时候，命运是爱与人开玩笑的，就像人们常说的那样——"倒起霉来，喝口凉水都塞牙"，这一刻霉运找上了我们，确实会让我们很痛苦，但无论如何我们要知道——这个世界上，很多人远比我们还要不幸。在我们遭受苦难、心烦意乱之时，不妨静心想想那些更倒霉的人，你会发现，原来我们根本就没有资格抱怨、没有资格自暴自弃。

有个穷困潦倒的销售员，每天都在抱怨自己"怀才不遇"，抱怨命运捉弄自己。

圣诞节前夕，家家户户热闹非凡，到处充满了节日的气氛。唯独他冷冷清清，独自一人坐在公园的长椅上回顾往事。去年的今天，他也是一个人，是靠酒精度过了圣诞节，没有新衣、没有新鞋，更别提新车、新房子了，他觉得自己就是这世界上最孤独、最倒霉的那一个人，他甚至为此产生过轻生的念头！

"唉！看来，今年我又要穿着这双旧鞋子过圣诞节了！"说着，他准备脱掉旧鞋子。这时，"倒霉"的销售员突然看到一个年轻人坐着轮椅从自己面前经过。他顿时醒悟："我有鞋子穿是多么幸福！他连穿鞋子的机会都没有啊！"从此以后，推销员无论做什么都不再抱怨，他珍惜机会，发奋图强，力争上游。数年以后，推销员终于改变了自己的生活，他成了一名百万富翁。

很多人天生就有残缺，但他们从未对生活丧失信心，从不怨天尤人，也正因如此，他们最终战胜了命运。可是有一些人，生来五官端正，手脚齐全，却仍在抱怨人生，相比之下，难道我们不应该为此感到羞愧吗？事实上，我们总是这样——看别人只看人家的幸运，看自己就总盯着所谓的背运，殊不知世人都有种种烦恼，谁想活得好过一点，谁就得多为自己所拥有的感到庆幸。

一位哲人曾经说过："如果你失去一只手，就庆幸自己还有另外一只手，如果失去两只手，就庆幸自己还活着，如果连命都没了，就没有什么可烦恼的了。"人生的道理不就是这样吗？珍惜现在所拥有的，你才能感受到幸福。所以说，人还是应该多往好的方面看，当苦难来临之际，不要老是盯着阴暗的一面，调转目光，看看那些同样承受苦难的人，再想想自己所拥有的，或许我们就会有所改观，或许就会觉得自己已经很幸运了。

事实上，纵然是一双旧鞋子，但穿在脚上仍是温暖、舒适的，因为这世界上还有人连穿鞋的机会都没有！其实，上苍给予每个人的苦与乐都是大致相同的，只是我们对于苦乐的态度不同。有时我所求，却在别人处，有时我所有，正是他所求。所以人皆有苦，亦皆有乐。当我们含笑面对这一切时，便没有解不开的心结。人生路上，天空总是会下雨，当没有阳光时，我们自己就是阳光，没有快乐时，我们自己便是快乐。

苦难并不悲惨，无力容忍苦难才是真正悲惨的

一个人一生的成长必须拥有三种精神：第一是能够坦然接受生命中的一切苦难和失败，第二是能够相信奋斗和努力的力量，这种力量能够改变你的人生，第三是拥有积极向上的心态和乐于助人的善精神！

美国小说家塔金顿常说："我可以忍受一切变故，除了失明，我决不能忍受失明。"可是在他 60 岁的某一天，当他看着地毯时，却发现地毯的颜色渐渐模糊，他看不出图案。他去看医生，得知了残酷的现实：他即将失明。现在，他有一只眼差不多全瞎了，另一只也接近失明。他最恐惧的事终于发生了。

塔金顿面对着这最大的灾难会做何反应呢？他是否觉得："完了，我的人生完了！"完全不是，令人惊讶的是，他还蛮愉快的，他甚至发挥了他的幽默感。这些浮游的斑点阻挡他的视力，当大斑点晃过他的视野时，他会说："嘿！又是这个大家伙，不知道它今早要到哪儿去！"完全失明后，塔金顿说："我现在已接受了这个事实，也可以面对任何状况。"

为了恢复视力，塔金顿在一年内得接受 12 次以上的手术，而且只是采取局部麻醉。他了解这是必需的，无可逃避的，唯一能做的就是坦然地接受。他拒绝了住私人病房，而和大家一起住在大众病房，想办法让大家高兴一点。当他必须再次接受手术时，他提醒自己是何等幸运："多奇妙啊，科学已进步到连人眼如此精细的器官都能动手术了。"

其实，生活中，我们每个人都可能存在着这样的弱点：不能面对苦难。但是，只要坚强，每个人都可以接受它。像本以为自己决不能忍受失明的塔金顿一样，这个时候他却说："我不愿用快乐的经验来替换这次的体会。"他因此学会了接受，并相信人生没有任何事会超过他的容忍力。如塔金顿所说的，此次经验教导他"失明并不悲惨，无力容忍失明才是真正悲惨的"。

然而，这"真正悲惨"的人还真不少。有些人拼命想让情况转变过来，不管这是不是有用，为此他们劳心劳力，如果事情没有转机，他们就会把问题归结到自己身上，觉得自己没有尽力，或是没有本事。然而，总有些事情是我们力所不及的。有句很通俗的谚语："活人哭死人，犹如傻狗撵飞禽。"对于那些无法改变的事情，与其苛求自己做无用功，不如坦然接受的好。面对不可避免的事实，我们就应该学着做到如诗人惠特曼所说的那样："让我们学着像树木一样顺其自然，面对黑夜、风暴、饥饿、意外与挫折。"

已故的爱德华·埃文斯先生，从小生活在一个贫苦的家庭，起初只能靠卖报来维持生计，后来在一家杂货店当营业员，家里好几口人都靠着他的微薄工资来度日。后来他又谋得一个助理图书管理员的职位，依然是很少的薪水，但他必须干下去，毕竟做生意实在是太冒险了。在八年之后，他借了50美元开始了他自己的事业，结果事业的发展一帆风顺，年收入达两万美元以上。

然而，可怕的厄运在突然间降临了。他替朋友担保了一笔数额很大的贷款，而朋友却破产了。祸不单行，那家存着他全部积蓄的大银行也破产了。他不但血本无归，而且还欠了一万多美元的债，在如此沉重的双重打击下，埃文斯终于倒下了。他吃不下东西，睡不好觉，而且生起了莫名其妙的怪病，整天处于一种极度的担忧之中，大脑一片空白。

有一天，埃文斯在走路的时候，突然昏倒在路边，以后就再也不能走路了。家里人让他躺在床上，接着他全身开始腐烂，伤口一直往骨头里面渗了进去。他甚至连躺在床上也觉得难受。医生只是淡淡地告诉他：只有两个星期的生命。埃文斯索性把全部都放弃了，既然恶运已降临到自己头上，只有平静地接受它。他静静地写好遗嘱，躺在床上等死，人也彻底放松下来，闭目休息。

时间一天一天过去，由于心态平静了，他不再为已经降临的灾难而痛苦，他睡得像个小孩子那样踏实，也不再无谓地忧虑了，胃口也开始好了起来。几星期后，埃文斯已能拄着拐杖走路，六个星期后，他又能工作了。只不过是以前他一年赚两万美元，现在是一周赚30美元，但他已经感到万分高兴了。

他的工作是推销用船运送汽车时在轮子后面放的挡板，他早已忘却了忧虑，不再为过去的事而懊恼，也不再害怕将来，他把自己所有的时间、所有的精力、所有的热忱都用来推销挡板，日子又红火起来了，不过几年而已，他已是埃文斯工业公司的董事长了。

一个内在力量强大的人，世界不给他欢乐，他却可以创造了欢乐来给予世界。他用他的苦难来铸成欢乐。

埃文斯先生是个内在力量非常强大的人。他不仅能勇敢坚强地接受现实带来的不幸和困境，并且能平静而理智地对待它、利用它。相反，那些始终试图改变既成事实的人，虽然看起来很辛苦、很努力，其实他们的内心倒可能是软弱的：他们无法说服自己接受不幸和困境，他们选择了欺骗自己。

心结是自己结的，也只有自己能解

　　无论命运多么灰暗，无论人生多少颠簸，都会有摆渡的船，这只船就在我们手中！每一个有灵性的生命都有心结，心结是自己结的，也只有自己能解，而生命，就在一个又一个的心结中成熟，然后再生。

　　一个成熟的人，应该掌握自己快乐的钥匙，不期待别人给予自己快乐，反而将快乐带给别人。其实，每个人心中都有一把快乐的钥匙，只是大多时候，人们将它交给了别人来掌管。

　　譬如有些女士说："我活得很不快乐，因为老公经常因为工作忽略我。"她把快乐的钥匙放在了老公手里。

　　一位母亲说："儿子没有好工作，老大不小也娶不上个媳妇，我很难过。"她把快乐的钥匙放在了子女手中。

　　一位婆婆说："儿子不孝顺，可怜我多年守寡，含辛茹苦将儿子带大，我真命苦。"她把快乐的钥匙放在了儿子的手中。

　　一位先生说："老板有眼无珠，埋没了我，真让我失落。"他把快乐的钥匙放在了老板的手中。

　　一个年轻人从饭店走出来说："这家店的服务态度真差，气死我了！"他把快乐的钥匙放在了服务员的手中。

……

这些人都把自己快乐的钥匙交给了别人掌管，他们让别人控制了自己的心情。

当我们容忍别人掌控自己的情绪时，我们在心中便把自己定位成了受害者，这种消极设定会使我们对现状感到无能为力，于是怨天尤人成了我们最直接的反应。接下来，我们开始怪罪他人，因为消极的想法告诉我们：之所以这样痛苦，都是"他"造成的！所以我们要别人为我们的痛苦负责，即要求别人使我们快乐。这种人生是受人摆布的，可怜而又可悲。

我们需要重新掌控自己的人生，拿回自己快乐的钥匙。

"二战"时期，在纳粹集中营里，有一个叫玛莎的小女孩写过一首诗：

"这些天我一定要节省，我没有钱可节省，我一定要节省健康和力量，足够支持我很长时间。我一定要节省我的神经、我的思想、我的心灵、我精神的火。我一定要节省流下的泪水，我需要它们很长时间。我一定要节省忍耐，在这些风雪肆虐的日子，情感的温暖和一颗善良的心，这些东西我都缺少。这些我一定要节省。这一切是上帝的礼物，我希望保存。我将多么悲伤，倘若我很快就失去了它们。"

在生命遭受到威胁的时刻，这个叫玛莎的小女孩仍然通过积极的暗示给灵魂取暖。她不怨天尤人，而是将希望之光一点点聚敛在心里，或许生命中有限的时间少了，但心中的光却多了。那些看似微弱的火光，足以照亮她所处的阴暗角落。

纵然生命都不能掌握，但快乐依然可以由我们自己来主宰。

如果你处在寒冷的冬季，那么就去想象春天的生机，因为冬天来了，春天还会远吗？

如果你遭逢风雨，就去想象射穿乌云的太阳，因为它会带来彩虹的绚丽。

就算人生遇到了巨变，只要你愿意去做快乐的思考，你就可以把苦涩的泪水留给昨日，用幸福的微笑迎接未来。

以我观物，万物皆着我之色彩。快乐的源泉是自己，而非他人！你想要快乐，就能制造快乐；你放弃快乐，就只能继续痛苦。以积极的心态去看待你的家人、你的朋友、你的工作，包括你自己，以感恩的心去面对生活，这样是不是快乐会多一点，痛苦会少一点呢？

其实，快乐并不在远方，它就在你身旁，你可以自主选择快乐，而快乐也很愿意自动留下来。

认识一位瑜伽老师，他练习瑜伽冥想多年。

那天问他："你每天笑得跟个天真的孩子似的，你的快乐是发自内心的，还是装给那些学生看的？如果是真心的话，你是怎么做到的呢？"

他的回答是："我的快乐绝对是真实的。到了我们这个年纪，该经历的苦与乐都经历得差不多了。我的快乐源于一种感悟，总结起来就三个字'不干涉'。不让别人干涉你的情绪，你也别干涉自己的情绪。我给你解释一下：我们只要活着就会遇到一些人，有好人也有坏人；就会产生一些情绪，正面的、负面的都有，快乐或者不快乐。我们不要太受影响，不要让这些干涉你，你也不要去干涉这些情绪。人的本性是真善美，当你让那些好的、不好的情绪自己离开时，你就会发现，留下来的都是那些好的感觉，人就会积极，快乐。"

排除别人的干扰，也不去干扰这个世界，让那些正能量、负能量自然而然地离开，我们就会开始接受我们自己，领略内心的满足和快乐。我们也就握住了快乐的钥匙。

如果你想活得好一点，就让自己看开些

生活快乐与否，这需要我们用心去经营。遇到开心之事时，我们当然要笑一笑；遇到犯难之事，我们同样要笑一笑。想在这个世界上争取到幸福，说难很难，说容易也很容易，关键就看我们能不能保持一颗乐观的心。当我们将乐观规规整整地装在自己的心中时，那么快乐之神就会常伴我们身边，他将为我们打开一个别样的世界，让我们为所拥有的一切感到满足，为自己正在经历的一切而备感幸福。

其实幸福者与不幸者之间的差别就在于：前者始终用最积极的思考、最乐观的精神和最有效的经验支配和控制自己的人生；后者则刚好相反，因为缺乏积极思维，他们的人生是受过去的失败和疑虑所引导和支配的。他们徘徊在失败的阴影里，只能眼看着别人幸福地生活。

有一对孪生兄弟，虽然长得极其相像，但性格却迥然不同。哥哥天性乐观，看不出他有什么烦恼；弟弟却整日哭丧着脸，好像世界末日就要来临一样。

21

为使兄弟俩的性格综合一下，父亲给了弟弟一大堆玩具，而后又将哥哥关进马棚。过了一个小时，父亲前去观察这兄弟俩的动静，却发现哥哥正在不亦乐乎地挖着马粪，而弟弟则抱着玩具在哭。

　　"有这么多玩具陪你，你为什么还要哭呢？"父亲问弟弟。

　　"如果我玩这些玩具的话，它们就会变旧，有可能还会坏掉。"弟弟伤心地回答。

　　"为什么把你关进又脏又臭的马棚，你还这样高兴？"父亲转头问哥哥。

　　"我想看看能不能从马粪中挖出一只小马驹啊。"哥哥说完又跑进了马棚。

　　父亲长叹了一口气，从此放弃了改变二人的念头。

　　后来，这对兄弟长大成人，弟弟依旧那样悲观，他时常抱着半杯可乐发愁——哎！只剩下半杯了；哥哥还是那个乐天派，他会为发现半杯可乐而欣喜——感谢上帝，还为我留着半杯可乐！

　　再后来，弟弟一脸忧伤地离开了人世，他一生都没有开心过；哥哥走的时候，脸上则布满了微笑，他一生都没有忧伤过。

　　开心是一生，不开心也是一生，怎么样是舒坦，我们心知肚明，那为何还要给自己找不自在呢？人活着图的是什么？不就是个快乐吗？其实这快乐并不需要靠外界因素来满足，它就在我们心里，如果我们能看得开，那么做乞丐也有乞丐的乐。

　　事实上，幸福与快乐离我们根本就不远，我们之所以觉得它遥不可及，就是因为我们的心态出了问题，我们总是习惯性地看向生活中不好的一面，用自找的苦恼来自折磨自己，那么即使幸福就在身边，我们也不会察觉。

有些时候，我们不妨让自己有点阿Q精神。鲁迅先生在《阿Q正传》中，揭露了那个时代中国人的许多劣根性，但阿Q的精神胜利法，对于心理状态不佳的人来说，却是大有裨益。换而言之，我们不能改变现在的处境，但我们可以改变自己的心态。也就是说，我们没有钱去星级酒店消费，喝茅台吃鲍鱼，但一碟小菜、一壶老酒，我们同样可以自得其乐；我们买不起高档时装，穿不上裘皮大衣，但一件普普通通的羽绒服依然可以为我们遮风避寒；我们坐不上奔驰宝马，但我们同样可以在脚踏车上边骑边笑；我们住不上花园别墅，但我们同样可以在鱼塘边，一根竹竿，怡然自得……就看我们懂不懂得安慰自己、开解自己。

阿Q精神胜利法的好处就在于，我们可以在无法完成某些心愿时告诉自己——这是命运；可以在失去爱情以后告诉自己——这是缘分；可以在喝着白粥、嚼着窝头的时候告诉自己——咸有咸的滋味，淡有淡的滋味；可以……总而言之，我们可以有很多方法安慰自己，解开不快乐的心结。其实，要得到快乐并不难，只要我们在看到阴影的时候，及时将头转向另一边。

如果你想活得好一点，那就让自己看开些，不管月圆还是月弯，都把它当成一种与众不同的美去欣赏，用一种自我调整的阿Q精神胜利法，美丽我们的人生，"傻乎乎"奔向生命的最高境界——快乐。

想开了，一切都很简单

一个人若要活得长久些，只能活得简单些；若要活得幸福些，只能活得糊涂些；若要活得轻松些，只能活得随意些。其实生活本没有那么复杂，只是我们把它变得复杂了。生活给予每个人的快乐大致上是没有差别的：人虽然有贫富之分，然而富人的快乐绝不比穷人多；人生有名望高低之分，然而那些名人却并不比一般人快乐到哪儿去。人生各有各的苦恼，各有各的快乐，只是看我们能够发现快乐，还是发现烦恼罢了。

当你静下心来看生活，你会发现简单的东西才最美，而许多美的东西正是那些最简单的事物。只是我们总是让自己背负太多，带着沉重的背包走人生，越累越不肯放，越不肯放，脚步越沉重。其实，生活根本不需要太多纷扰，也不需要太多的欲望和执着，简单而纯粹，这才是生活的本色。

有一位行吟诗人，他一生都住在旅馆里。他不断地从一个地方旅行到另一个地方。他的一生都是在路上、在各种交通工具和旅馆中度过的。当然这并不是因为他没有能力为自己买一座房子，这是他选择的生存方式。后来，鉴于他为文化艺术所做的贡献，也鉴于他已年老体衰，政府决定免费为他提供住宅，但他还是拒绝了，理由是他不愿意为房子之类的麻烦事情耗费精力。就是这样一位特立独行的行吟诗人，在旅馆和路途中度过了自己的一生。他死后，朋友为他整理遗物时发现他一生的物质财富就是一个简单的行囊，行囊里是供写作用的纸笔和简单的衣物；而在精神财富方面，他给世界留下了十卷优美的诗歌和随笔作品。

其实，一个人需要的东西非常有限，许多附加的东西只是徒增无谓的负担而已。简单一点，人生反而更踏实。在五光十色的现代世界中，我们因为所思、所想、所求太过复杂而丧失了对幸福的体会能力，如果这一切能够变得简单一些，我们也许会更快乐。

简单地做人，简单地生活，想想也没什么不好。金钱、功名、出人头地、飞黄腾达，当然是一种人生。在灯红酒绿、推杯换盏、斤斤计较、欲望和诱惑之外，不依附权势，不贪求金钱，心静如水，无怨无争，拥有一份简单的生活，不也是一种很惬意的人生吗？

想开了，一切都很简单。

住在田边的蚂蚱对住在路边的蚂蚱说："你这里太危险，搬来跟我住吧！"路边的蚂蚱说："我已经习惯了，懒得搬了。"几天后，田边的蚂蚱去探望路边的蚂蚱，却发现它已被车压死了。

——原来掌握命运的方法很简单，远离懒惰就可以了。

一只小鸡破壳而出的时候，刚好有只乌龟经过，从此以后，小鸡就打算背着蛋壳过一生。它受了很多苦，直到有一天，它遇到了一只大公鸡。

——原来摆脱沉重的负荷很简单，寻求名师指点就可以了。

一个孩子对母亲说："妈妈你今天好漂亮。"母亲问："为什么？"

孩子说："因为妈妈今天一天都没有生气。"

——原来要拥有漂亮很简单，只要不生气就可以了。

其实，生命就如同一次旅行，背负的东西越少，越能发挥自己的潜能。你可以列出清单，决定背包里该装些什么才能帮助你到达目的地。但是，记住，在每一次停泊时都要清理自己的口袋，什么该丢，什么该留，把更多的位置空出来，让自己轻松起来。

若无闲事心头挂，便是人间好时节

有诗云："春有百花秋有月，夏有凉风冬有雪；若无闲事挂心头，便是人间好时节。"是的，无论这世间如何变化，只要我们的内心不为外境所动，则一切是非、一切得失、一切荣辱都不能影响我们，而这种状态下，我们的内心世界将是无限宽广的。换而言之，心外世界如何其实并不重要，重要的是我们的内心世界。内心开阔，即便我们身居囹圄，亦可转境，将小小囚房视为三千大千世界；内心狭隘，即便我们睡在皇宫，也是会感到焦虑异常的。

一个罪犯的"丑事"大白于天下，定罪以后被关押在某监狱。他的牢房非常狭小、阴暗，住在里面很是受拘束。罪犯内心充满了愤慨与不平，他认为这间小囚牢简直就是人间炼狱。在这种环境中，罪犯所想的并不是如何认真改造，争取早日重新做人，而是每天都要怨天尤人，不停叹息。

一天，牢房中飞进一只苍蝇，它"嗡嗡"叫个不停，到处乱飞乱撞。罪犯原本就很糟糕的心情，被苍蝇搅得更加烦躁，他心想：我已经够烦了，你还来招惹我，是在故意气人吗？我一定要捉到你！他小心翼翼地捕捉，无奈苍蝇比他更机灵，每当快要被捉到时，它就会轻盈地飞走。苍蝇飞到东边，他就向东边一扑；苍蝇飞到西边，他又往西边一扑……捉了很久，依然无法捉到。最后，罪犯叹气道："原来我的小囚房不小啊，居然连一只苍蝇都捉不到。"

感慨之余，罪犯突然领悟到：人生在世无论称意与否，若能做到心静，则万事皆可释怀，若能做到心静，自己也绝不至于身陷囹圄。其实他早该明白——"心中有事世间小，心中无事天地宽"。这就是解决人生燥乱的根本之道——如果我们在遭遇问题、困难、挫折时，能够放平心态，以一颗平常心去迎接生活中的一切，那么，我们的世界就会变得无限宽广。

心灵的困窘，是人生中最可怕的贫穷，同理，心灵的平和，也是人生最大的富足。一个人，倘若在外界的刺激中依然能够活得快乐自得，那么，他就能守住内心的那份清净。然而，我们多是普通人，每日穿梭于嘈杂人流之中、置身于喧嚣的环境之下，又有几人能够做到任心清净呢？于是，我们之中的很多人需要寄托于外界刺激来感受自己的存在；于是，很多人开始沉溺于声色犬马之中，久久不能自拔；于是，很多人为求安宁，自诩为"隐者"，远避人群。殊不知，故意离开人群便是执着于自我，刻意去追求宁静实际是骚动的根源，如此又怎能达到将自我与他人一同看待，将宁静与喧嚣一起忘却的境界呢？

也就是说，求得内心的宁静在于心，环境在于其次。否则把自己放进真空罩子里不就真的无菌了吗？其实，这样的环境虽然宁静，假如不能忘却俗世事物，内心仍然会是一团繁杂。何况即使自己和人群隔离，同样表示你内心还存有自己、物我、动静的观念，自然也就无法获得真正的"宁静"和"动静如一"的主观思想，从而也就不能真正达到身心俱宁的境界。

真正的心净之人，对于外界的嘈杂、喧嚣具有极强的免疫功能，他们耳朵根子听东西就像狂风吹过山谷造成巨响，过后却什么也没有留下；他们内心的境界就像月光照映在水中，空空如也不着痕迹。如此一来，世间的一切恩恩怨怨、是是非非，便都宣告消失了，这才是真正的物我两相忘。

以现实状况来看，绝对的境界，即人的感官不可能一点不受外物的感染，但要提高自身的修养，加强意志锻炼，控制住自己的种种欲望，排除私心杂念，建立高尚的情操境界却是完全可能的。

第二辑
没有命中注定的不幸，只有放不开手的执着

　　失去只是一种姿势，得到并不等同于幸福。放弃不是没有斗志了，而是人生的另一种选择，为的是不浪费自己的生命，在自己一定会后悔的地方。

合适的才是最好的

有的时候放弃并不意味着失败，而是对生命的过滤，对心灵的洗礼，对自己的重新认识。在我们的一生当中，需要完成的事情有很多，但是我们的精力毕竟是有限的，当面临一些选择的时候，就应该学会放弃。人生不仅要有所为，也应该要有所不为。而只有当我们舍弃了一些东西之后，我们的精力才能够更集中于必要的事情上。

在一家知名鞋业公司内部流传着这样一个故事：在 2005 年第一季度工作总结报告会上，轮到公司事业部某经理汇报，该经理兴致勃勃地讲道："一季度原计划开店十家，最终开店 110 家，超额完成任务。"总裁听着听着皱起了眉头。"这叫严重超标，是很不好的工作习惯。"总裁直言不讳。事业部经理原以为会得到表扬，换来的却是批评，很委屈。他想不通，这么好的成绩却遭到责备。正欲争辩，总裁迅速接上刚才的话茬，语重心长地说："你想想，你超标那么多，你的管理、物流和人员跟得上吗？如果不能保证质量，不仅不会形成有效的市场规模效益，反而打乱了原有的平衡，捡了芝麻丢了西瓜。盲目开店的结果只会是开一家，死一家，做了无用功。

　　"这就好比一对夫妇原来只要一个孩子，可却生了三胞胎，对他们来说这绝对是件哭笑不得的事，家里一下子变成了五口人，人多是热闹了，但抚养不起啊。"善于打比方的总裁循循善诱。"记住，合适才是最好的！"总裁最后强调。道理虽然简单，但这个注重合适的平衡之术确实让他的部下好好思量了一番。

　　合适的才是最好的，做什么事情都一样，多大的脚穿多大的鞋，小脚穿大鞋走起路来肯定不方便。什么都不舍得丢掉，结果可能什么都做不好。

　　人生恰如一杯清茶，舍得才知其清甜，放下才闻其香郁！懂得放下就懂得生活，懂得生活必定能经营好人生。人生就如放飞气球，舍得才知其自由，放下才感其奔放！

　　有的时候，选择放弃恰恰是为了更好地获得，当我们放弃了手中的玫瑰，我们才能够去摘取娇艳的牡丹；当我们倒掉了杯中剩余的水之后，我们才能够盛入更多的新水；当我们舍弃了心中的烦恼的时候，我们才能为快乐腾出心灵的空间。现代社会竞争如此激烈，我们只有舍弃糟粕，才能够获得精华，更好地显示出自己的杰出。

那些难以割舍的，时间久了就成了痛苦的执着

"五色令人目盲；五音令人耳聋；五味令人口爽；驰骋畋猎，令人心发狂；难得之货，令人行妨。是以圣人为腹不为目，故去彼取此。"老子的意思是说，如果一个人过分追求感官刺激，则会伤其身、乱其心。

的确，人一旦被欲望缠上了身，就难以得到安宁，时刻仿佛有大患在身，无论得宠还是受辱，在心理上都时时会处于惊恐之中。

利奥·罗斯顿是美国最胖的好莱坞影星，腰围 6.2 英尺，体重 385磅。1936 年在英国演出时，因心肌衰竭被送进汤普森急救中心。抢救人员用了最好的药，动用了最先进的设备，仍没挽回他的生命。

临终前，罗斯顿曾绝望地喃喃自语：你的身躯很庞大，但你的生命需要的仅仅是一颗心脏！罗斯顿的这句话，深深触动了在场的哈登院长，作为胸外科专家，他流下了泪。为了表达对罗斯顿的敬意，同时也为了提醒体重超常的人，他让人把罗斯顿的遗言刻在了医院的大楼上。

1983 年，一位叫默尔的美国人也因心肌衰竭住了进来。他是位石

油大亨，两伊战争使他在美洲的十家公司陷入危机。为了摆脱困境，他不停地往来于欧亚美之间，最后旧病复发，不得不住进来。他在汤普森医院包了一层楼，增设了五部电话和两部传真机。当时的《泰晤士报》是这样渲染的：汤普森——美洲的石油中心。

默尔的心脏手术很成功，他在这儿住了一个月就出院了。不过他没回美国。苏格兰乡下有一栋别墅，是他十年前买下的，他在那儿住了下来。1998年，汤普森医院百年庆典，邀请他参加。记者问他为什么卖掉自己的公司，他指了指医院大楼上的那一行金字。不知记者是否理解了他的意思，总之，在当时的媒体上没找到与此有关的报道。

后来人们在阅读默尔的传记时发现了这么一句话：富裕和肥胖没什么两样，也不过是获得超过自己需要的东西罢了。

人，应该了解自己的真实需求，把其他的一切慢慢放下，这样的人活着才是为了自己。可是，谁都有些东西难以割舍，时间长了就变成痛苦的执着。

想象一下，如果有一个地方，能让我们心安，能让我们抛却浮躁，那不正是我们理想的栖息地吗？我们又何必刻意地去寻找呢？一片生机盎然的花圃，一座巍巍葱茏的大山，一场密密匝匝的雪花，一本泛着墨香的书卷，都可以成为我们自由的栖息地，都可以容纳我们放逐的心灵和漂泊的意志。

要想自由地栖居，耐得住寂寞，必须放得下繁华。如果心恋浮华，不舍喧嚣，是不会得到心灵的安顿的。这就好比一个人，终日汲汲于富贵，切切于名禄，桎梏于外物，他又怎么可能出离尘世而追寻幽独？又好比是一匹马，如果被拴上了车套，它只有一味地卖力奔驰，哪还会有机会停下来思索自己的生命呢?

要有自己自由的栖息地，就不要受拘于外物。因为外物总是短暂而容易腐朽的，只有生命的灵魂才是永恒。我们又怎能让短暂的腐朽来妨害对于永恒的生命的思索呢?

有的人对生命有太多的苛求，弄得自己生活在筋疲力尽之中，从没体味过幸福和欣慰的滋味，生命也因此局促匆忙，忧虑和恐惧时常伴随，一辈子实在是糟糕至极。需知月圆月亏皆有定数，岂是人力所能改变的? 不如放下，给生命一份从容，给自己一片坦然。

人生一世，不可能一帆风顺。只有不拘外物，才会另有收获。人生一切痛苦的根源，就是对于外物的追求和执着。超越外物，就是超越自我。无物也就是无我，自己的心境也就不会随着外物的变化迁移而波动。正所谓"是进亦忧，退亦忧"，不假于物，才能造就真实的自我。

当一个人参悟了得失取舍的奥秘，洞晓了人生的真相，就不会再执着于外物，这便是觉悟者的境界。对每一个人来说，人生都是一种不断修行和参悟的过程，只是说，看你往哪方面修，往哪里行。生活给我们"设置"了重重障碍，一些人被束缚住了，不能悟破，而另一些人突破了重重障碍，顿悟了生活的真谛。

拿不起放不下，于人最折磨

生活中要面对的选择很多，拿不起放不下的故事时常上演。比如，处在两个思维世界的男女朋友，感情冷淡、相互排斥、貌合神离的夫妻，为了种种的原因，就这样斩不断理还乱地勉强维持着关系，理由就是"这么多年的感情哪能说断就断"、"怎么说也要给孩子一个完整的家"，结果呢，一直生活在痛苦当中。不知当中的他和她，是否忘了，自己也可以拥有追求幸福的权利，又何必苦了自己，也苦了别人的一生呢？

说一个身边朋友的故事吧。

她，还很年轻的时候，就已经察觉到老公在外面有了别的女人，当时，她几乎都要崩溃了。令人未曾想到的是，她竟然把这件事强忍了下来，她的理由就是，"为了孩子"。为了孩子，她选择自己欺骗自己，就当这件事没有发生过，或者说就当自己没有发现过，继续维持着家庭的生活。但是，她毕竟是个有血有肉的人呀！长期生活在这样不幸的婚姻当中，压力、空虚和心理上的不平衡不断地冲击着她，当心理的承受能力达到极限时，她就会拿无辜的孩子来撒气，再到后来，甚至一想到这些事情，就乱骂、乱打孩子。无辜的孩子，常常就莫名其妙地遭了殃。而且，她还时常当着孩子面，用恶毒的语言讽刺、咒骂、攻击她的丈夫。长期生活在这样的家庭环境下，最后，孩子的精神世界也跟着崩溃了。现在，孩子已经长大成人，可是性格和行为上都有很大的缺陷。

我们思考一下，在这段婚姻中，真正受到最大伤害的人是谁？其实是孩子！当然，她的遭遇也是不幸的，但她处理问题的方式，使这个不幸所波及的范围在不断扩大，如今，她自己、她的孩子，甚至是她的丈夫和丈夫的情人，都成了这件事情的"受害者"。造成了这个局面，其实她已经输了，就输在了不舍、不甘和自以为是上，不是吗？

现在，她上了年纪，孩子也已经长大了。但是，可怜的孩子也变"坏"了，他感觉不到爱，也学不会宽容和爱，他的世界观、价值观、道德观都偏离了正确的轨道，说话和做事的方式非常极端偏激。家里的亲朋好友也曾尝试和孩子去沟通，可怜的孩子，他给出的答案是："在这样一个没有温暖的家庭，谁管过我的感受？他们两个人三天一小吵，五天一大吵，谁真正用心关心过我？甚至还拿我当出气筒！他们之间出了问题，难道我就必须要受罪吗？他们生我出来，难道就是用来撒气的吗？亲生父母都这样，我对这个世界失望了。我只不过是为了自己而活着。"

看到孩子的状况，她终于清醒过来，认识到并能够真正去面对自己的错误了。可是，在她愿意放下自己心里面的固执，愿意去办离婚时，当初那个乖巧懂事的孩子却无论如何也回不来了，他不肯原谅自己的父母。她很想去补救，可是孩子根本不给他们机会，他对他们已经绝望了。可怜的她，在痛苦中生活了这么多年，已近黄昏，幡然醒悟，可是，又是否能够享受到儿孙承欢膝下的天伦之乐呢？

明知道是痛苦的生活模式，却固执地选择坚持，到最后，非但自己痛苦不堪，也间接连累他痛苦异常，不是吗？这是她犯下的最大错误，毁了自己，也毁了自己爱及不爱的人。

所以，当我们认识到，有些事情已经不能勉强、无法挽回的时候，不如问问自己：我干吗不放手呢？很多时候，感情也好，婚姻也好，其他的事情也好，明明知道接下来的坚持，会对自己或是别人都造成一定的伤害，我们还要不要一门心思犟到底呢？是不是就算伤害人也在所不惜？那么别忘了，你自己也会遍体鳞伤的！生活中的很多事情都是需要放手的，换个方式处理问题，也许真的就海阔天空了呢。

当然，很多事情的发生都有特定的背景，当事人的处境也各有不同，所以处事也因人而异，这都要靠自己的智慧来体会、解决、化解。在这里，把一份祝福送给上面的那位朋友吧！至少她现在懂得了放下，明了了取舍，这不也是一件好事吗？虽然这顿悟来得晚了一点，代价也确实很大，但今后她一定能从"取舍"中找到让自己幸福的方法，因为跌倒过，智慧就长出来了，不是吗？同时，也希望所有人都能懂得"取舍"，该取的取来就是，该放的就不要勉强，那么幸福就会一直跟着你走。

明知是没有结局的恋情，放不开的手
才是最残忍

错了的，永远对不了。不该拥有的，得到了也不会带给你快乐。

错位的感情即使得到了也不会幸福。所以，任何人在选择自己的爱人时都应该仔细想想，不要苛求那份本不该属于你的感情。现实是残酷的，一旦让感情错位，你所得到的结果就只会是苦涩。

王燕大学毕业后不久就与男朋友文华同居了，可是令她没有想到的是，文华竟背着她跟在法国留学的前任女友藕断丝连；后来在前女友的帮助下，文华很快就办好了去法国留学的签证，这时一直蒙在鼓里的王燕才知道事情的真相，就在她还未来得及悲伤的时候，文华已经坐上飞机远走高飞了。没有了文华，王燕也就没有了终成眷属的期待，她决心化悲痛为力量，将业余时间都用在学习上，准备报考研究生，她想充实自己，也想在美丽的校园里让自己洁净身心。

可是就在这时她发现，她怀上了文华的孩子，唯一的方法是不为人知地去做人工流产，而她的家乡并不在这里，她实在找不到可以托付的医院或朋友。

她的忧郁不安被她的上司肖科长发现了，一天，下班后办公室里只剩下王燕一个人时，肖科长走了进来，他盯着她看了好半天，突然问起了她的个人生活。这一段时日的忧郁不安使王燕经不起一句关切的问候，她不由得含着眼泪将自己的故事和盘托出。第二天肖科长便带她到一家医院，使她顺利做完了手术，又叫了一辆出租车送她回到宿舍，并为她买了许多营养品。

从那以后，她和肖科长之间仿佛有了一种默契，既已让他分担了她生命中最隐秘的故事，她不由自主地将他看作她最亲密的人了。有一天，她在路上偶然遇到肖科长和他爱人，当时正巧碰上他爱人正在大发脾气，肖科长脸色灰白，一声不吭，他见到王燕后，满脸尴尬。

第二天，肖科长与她谈到他的妻子，说她是一家合资企业的技术工人，文化不高收入却不低，在家中总是颐指气使，而且在同事和朋友面前也不给他留面子，他做男人的自尊已丧失殆尽。说着说着，他突然握住她的手，狂热地说："我真的爱你。"她了解他的无奈和苦恼，也感激他对她的关心和帮助，虽然明知他是有妇之夫，但还是身不由己地陷了进去。

不知是出于爱的心理还是知恩图报，反正她从此成了他的情人，他对她说的最多的一句话就是："我是真的喜欢你，你放心，我很快就会办离婚。"可是从来不见他开始行动，她心里明白，他不可能离开老婆孩子，但只要他真心爱她，她可以等待。

他们经常在办公室里幽会，时间一过就是两年，她无怨无悔地等了他两年。一天晚上，当肖科长正狂热地亲吻她时，办公室的门突然被撞开了，单位里另一个科的陶科长一声不吭地在门口站了一会儿，一言不发就走开了。肖科长顿时脸色惨白，原来，陶科长正在与他争夺晋升副局长一职，可见他处心积虑地窥探他们已有多时。肖科长惊慌失措，仓皇地离她而去。她预料到会有事情发生，果然，他捷足先登，到上级那里交代，他痛心疾首地说自己一时糊涂，没能抵挡住她投怀送抱的诱惑。

她气愤至极，赶到他家里要讨个说法，她毕竟涉世未深，她还是个女孩子。他爱人不明就里，把她让到书房，不一会儿，她看到肖科长扛着一袋大米回来了，一进门就肉麻地叫着他爱人的小名，分明是一位体贴又忠诚的丈夫。然后他直奔厨房，系起了围裙，等他爱人好不容易有空告诉他有客人来了时，他甩着两只油手，出现在书房门口，一见是她，大张着嘴半天说不出一句话。

刹那间，她的心泪雨滂沱，为自己那份圣洁的感情又遭践踏，也为自己真心错许眼前这个虚伪软弱的男人，所有的话都没有必要再说，她昂首走出了房门。

自尊心很强的她带着一身的创伤，辞职离开了这个给了她太多伤心的城市，从此开始了漂泊的生活。

从古至今，无数痴情人在等待中度日如年，憔悴年华。他们执着地等待，是以为自己没有错，以为心诚能使铁树开花。然而在男女的特定关系中，最难用是非对错来衡量，更多的却是心智、策略和手段的较量与契合，有时等待是合理的，有时等待就是一种浪费，比如爱上有夫之妇或者有妇之夫，这样的等待，时间越长，伤害就越大。在婚外恋中，当事人并非不知什么是应该做的，什么是不应该做的，其实他们心中是雪亮的，只是有时是身不由己，有时是故意与自己过不去。

有句话说得好："在对的时间遇到对的人，得到的将是一生的幸福；在错误的时间里遇到错误的人，换回的可能就是一段心伤。"在感情的故事里，有些人你永远不必等，因为等到最后受伤的只会是自己。

离开不爱你的人，否则只会两败俱伤

生活中有进有退，有收有放是每个人必须面对的。固执地抓着一种东西永不放手到最后反而一无所获。在爱情和婚姻面前，也不能太过固执。虽然，美好的爱情婚姻是每个人都想要的，但得不到就该放手。如果固执地为了保全面子或者得到对方，其结果只会两败俱伤。

军的父亲和梅的父亲是至交。他们在同一个县城里生活。军上小学时，父亲被病魔夺去了生命，他母亲在梅家的无私帮助下拉扯他和两个妹妹读完了高中。军和梅从小青梅竹马，日久生情。在恢复高考后的第一年，梅把本属于她的考试名额让给了军，自己到工厂当了会计。就这样，军远离了家乡，怀着将用毕生的努力来回报女友的豪情，步入了一所大城市中的名牌大学。

军学习非常用功，他希望将来能把梅和母亲接到城里生活，也算是自己对家人的回报。那时的军在老师和同学的眼里是个朴实、进取的好青年。他在学校入了党，还是班干部。生活上由于得到梅节衣缩食对他的资助而没有太大的压力，他一心扑在了学习上。在大学期间，有一位女同学追求了他两年，而他不为所动。毕业后，军终于如愿以偿，被分配到这个城市的一家外事单位。不久，他把梅和母亲接来，一家人开始了新的生活。

此后的梅完全成了贤妻良母，全身心地支持着丈夫的事业，打点着里里外外的一切。她的艰辛终于换来了军事业上的青云直上。改革开放后，军成了所在单位一家下属公司的总经理。家里的经济状况逐渐好转，梅还像过去一样专注于丈夫和孩子。但是，军却发生了变化，穿着讲究名牌，待在家里的时间少了，除了将自己每月的工资如数上交，他对妻子和孩子的爱变得吝啬了。梅一直深信丈夫的变化是由于工作的原因，她仍然一如既往地爱着曾经患难与共的丈夫。直到有一天，军提出与她离婚，她才如梦初醒。揽镜顾盼，她才发现自己前所未有的憔悴，细密的皱纹像老唱片一样让人触目惊心，而大街上花枝招展的女孩，一个个脸面都像光碟似的灿烂夺目。她苦苦地哀求，但终于没有唤回军的爱情。最后，梅精神崩溃了。

其实，结束一段不幸的婚姻未必不是一件好事，说不定对方的背叛会让你更懂得如何得到幸福，美好的爱情也会不期而至，何必固执地认为自己为对方奉献了大半辈子就非得要厮守终生呢？爱情没有保证书。

喜欢一个人，并不一定要和他在一起，虽然有人常说"不在乎天长地久，只在乎曾经拥有"，但是并不是所有在一起的人都会快乐。

有时候，有些人，为了能和自己所喜欢的人在一起，他们不惜使用"一哭二闹三上吊"这种最原始的办法，想以此挽留爱人。这也许会留住爱人的人，但却留不住他的心。更有甚者，为了这而赔上了自已那年轻而又灿烂的生命，这可能会唤起爱人的回应，但是这也带给了他更多的内疚与自责，还有不安，从此快乐就会和他挥手告别。

　　放弃对已逝恋情的固执，你就可以空出怀抱去迎接一份崭新的感情；放弃不幸福的婚姻，你就可以拥有更轻松快乐的生活，有什么理由在爱情面前太过固执呢？当感情变质时，放弃才是最好的选择。

如果一直坚持错的，永远不会遇到对的

　　很多时候我们都要做出艰难的抉择，这并不是问题，因为在一次又一次的抉择中，我们的人生观、价值观日趋成熟起来。问题是：到底怎样选择才是对的？那什么又是错的？哪些东西我们应该放弃，而哪些东西我们又该坚持呢？

　　说说坚持这个问题吧。首先要肯定的是，坚持这种精神是没错的。老话说"只要功夫深，铁杵磨成针"，讲的就是这个道理。但不要忽略这样一个前提，要想"磨成针"，你必须是合适的材料——铁杵或是其他金属材质。如果是一根木棍，到最后磨成的就只能是棒球棒、擀面杖一类的物品。所以在坚持的时候，我们应该好好审视一下自己，问自己一句："我到底是不是这块料？"如果不是，就不要坚持把自己"磨成针"，做一个结实的"棒球棒"才更能体现你的价值。

如果放错了地方，宝物也会变成废物；如果地方对了，木头也有不可替代的价值。假若你所做的事符合自己的目标，并且符合自己的性格，能够发挥自己的优势，那么，困难对你而言就只是浮云，把自己的梦想坚持下去，你会得到自己想要的。如果说这个目标本身是错的，你却仍要奋力向前，而且意志坚定、态度坚决，那么，由此导致的负面后果，恐怕比没有目标更为可怕。

有所选择的放弃，是一种量力而行的睿智

　　或许很多剪辑、很多抉择会令我们痛苦万分，然而这也是由不得人的，背负得太多则必然要失去更多。蓦然回首我们会发现，其实无奈和痛苦、失败和无助，大多来自于过分的执着。其实，及时地选择放下，反而有可能会得到意外的收获。

　　印尼大海啸时，发生了这样一个故事：

　　一位年轻妈妈，独自带着七岁的长子以及三岁的幼子在海滩上玩耍。

　　突然之间，地动山摇、天崩地裂，由于地壳运动引发的大海啸，在毫无征兆的情况下，将母子三人卷入波浪之中。

　　妈妈紧紧拉住两个孩子的手，心中万分焦急。

"怎么办？若不放手，三个人将无一生还！"情况紧急，已不容多想，年轻妈妈痛苦地闭上了眼睛……

这位妈妈最终含着泪放弃了七岁的长子。

然而，奇迹发生了！在人们的救助下，她的长子竟然也逃过了这场灾难，一家人终于又能幸福地生活在一起了。

有所选择的放弃，是一种量力而行的睿智，是一种顾全大局的体现。在人生这部长篇巨制中，我们是自己唯一的导演，唯有懂得如何去选择，如何去剪辑，最终它才能够完美谢幕。

在生活强迫我们必须付出惨痛的代价以前，主动放弃局部利益而保全整体利益是最明智的选择。智者曰："两弊相衡取其轻，两利相权取其重。"趋利避害，这也正是放弃的实质。

2003 年 4 月 26 日，27 岁的李斯金一个人来到犹他州蓝约翰峡谷登山。蓝约翰峡谷位于犹他州东南部，人迹罕至，风景绝美。李斯金在攀过一道三英尺宽的狭缝时，一块巨大的石头挡住了去路。李斯金试图将这块巨石推开，巨石摇晃了一下，猛地向下一滑，将李斯金的右手和前臂压在了旁边的石壁上。

忍着钻心的剧痛，李斯金使劲用左手推巨石，希望能将手臂抽出来，然而石头仿佛生了根一般纹丝不动。在做了无数次努力之后，精疲力竭的李斯金终于明白，单凭自己一个人的力量绝不可能推动巨石，只能保存精力等待救援了。

然而，在接下来的几天里，别说是人，就连鸟也没飞过一只，他就这样吊在悬崖上。没有食物，李斯金每天只能喝水。当壶中的最后一滴水也被他喝光时，饥肠辘辘、浑身无力的李斯金终于明白，他所在的地方太过偏僻，即使有人为他的失踪而报警，救援人员也不可能找到这个地方。再等下去只能是死路一条，想活命的话只能靠自己了。

李斯金心里清楚，把自己从巨石下解放出来的唯一办法就是断臂。而除了简单的急救包扎，他并不知道如何进行外科自救。于是，他清理了一下手头的工具——一把八厘米长的折叠刀和一个急救包，没有麻醉剂，没有止疼片，没有止血药，超常的疼痛和所冒的风险可想而知，不过李斯金已经别无选择了。由于刀子过钝，在难以形容的疼痛和失血的半昏迷状态下，李斯金先折断了前臂的桡骨，几分钟后又折断了尺骨……整个过程大约持续了一个小时。

由于大量失血，李斯金近乎昏厥，然而他仍坚持着从身旁的急救箱中取出杀菌膏、绷带等物，给自己被切断的右臂做紧急止血处理。李斯金甚至还想把断臂从巨石下取出来。流血止住后，李斯金决定徒步走出峡谷。他被困之处是一个陡峭的岩壁，距峡谷底部有25米的高度，上来容易下去难，尤其是在刚切断一只手臂之后。不过这没有难住他，他用登山锚将一根绳子固定在岩壁上，用左手抓住绳子，顺着岩壁滑下去。

在下山的路上，李斯金看到了他的山地自行车，但他根本不可能骑着它下山了。在跌跌撞撞走了大约七英里后，两名旅游者发现了血人一般的李斯金，明白发生了什么事后，他们赶紧报警。不久后，一架救援直升机赶到，将李斯金送到最近的医院。

当直升机到达莫阿布市的艾伦纪念医院时，李斯金居然谢绝别人的帮助，自己走进急救室。这个坚强的人随后被送到圣玛丽医院。

参加救援行动的米奇·维特里驾驶直升机再次飞回蓝约翰峡谷，希望找回李斯金被截去的半条手臂，也许医生还可以为李斯金重新进行接肢手术。然而，当维特里找到那块石头时，他发现石头实在是太重了，根本无法撼动。

事实上，在李斯金失踪四天之后，他所在的登山车公司的老板便向警方报了警，警方的直升机也在附近进行了搜寻，但警方从空中根本不可能发现他被困的地方。他能活下来，完全是因为他有强烈的求生欲望。

从生存的勇气到断臂自救的方式，李斯金给人类的启示是多方面的，其中最重要的一点就是在人生紧要处，在决定前途命运的关键时刻，我们不能犹豫不决，不能徘徊彷徨，而必须敢于了断，敢于放弃。放弃有时就是一种珍惜，放弃了一棵树木，我们却能够得到一片森林。

在事实面前，我们唯一能做的是
改变自己的心态

生活中，我们会遇到许多不公平的经历，而且许多都是我们所无法逃避的，也是无从选择的，我们只能接受已经存在的事实并进行自我调整。抗拒不但可能毁了自己的生活，而且也会使自己精神崩溃。因此，人在无法改变不公和不幸的厄运时，要学会接受它、适应它。

荷兰阿姆斯特丹有一座 15 世纪的教堂遗迹，里面有这样一句让人过目不忘的题词："事必如此，命运中总是充满了不可捉摸的变数，如果它给我们带来了快乐，当然是很好的，我们也很容易接受。但事情却往往并非如此，有时，它带给我们的会是可怕的灾难，这时如果我们不能学会接受它，就会让灾难主宰了我们的心灵，生活也会永远地失去阳光。"

小时候，琼斯和几个朋友在密苏里州的老木屋顶上玩，琼斯爬下屋顶时，在窗沿上歇了一会儿，然后跳下来，他的左食指戴着一枚戒指，往下跳时，戒指钩在钉子上，扯断了他的手指。

琼斯疼得尖声大叫，且非常惊恐，他想他可能会死掉。但等到手指的伤好后，琼斯就再也没有为它操过一点儿心。他已经接受了不可改变的事实。

英格兰的妇女运动名人格丽·富勒曾将一句话奉为真理，这句话是："我接受整个宇宙。"是的，我们都应该学会接受不可避免的事实。即使我们不接受命运的安排，也不能改变事实分毫，我们唯一能改变的，只有自己的心态。

成功学大师卡耐基也说："有一次我拒不接受我遇到的一种不可改变的情况。我像个蠢蛋，不断做无谓的反抗，结果给自己带来无眠的夜晚，我把自己整得很惨。终于，经过一年的自我折磨，我不得不接受我无法改变的事实。"

面对现实，并不等于束手接受所有的不幸。只要有一些可以挽救的机会，我们就应该奋斗！但是，当我们发现情势已不能挽回时，我们最好就不要再思前想后，拒绝面对，要接受不可避免的事实，唯有如此，才能在人生的道路上掌握好平衡。

不要为打翻的牛奶哭泣

　　艾伦·桑德斯十几岁的时候，经常会为很多事情发愁。他常常为自己犯过的错误自怨自艾；交完考试卷以后，常常会半夜里睡不着，咬着自己的指甲，怕自己没办法考及格；他老是在想着做过的那些事情，希望当初没有这样做；老是在想自己说过的那些话，希望自己当时把那些话说得更好。

　　有二天早上，桑德斯所在班的同学都到了科学实验室。老师保罗·布兰德威尔博士把一瓶牛奶放在桌子边上。学生们都坐了下来，望着那瓶牛奶，不知道那跟这节生理卫生课有什么关系。然后，保罗·布兰德威尔博士突然站了起来，一掌把那瓶牛奶打碎在水槽里——一面大声叫道："不要为打翻的牛奶而哭泣。"

　　突然老师叫所有的人都到水槽边去，好好地看看那瓶打碎的牛奶。"好好地看一看，"老师说，"因为我要你们这一辈子都记住这一课，这瓶牛奶已经没有了——你们可以看到它都漏光了，无论你怎么着急，怎么抱怨，都没有办法再救回一滴。只要先用一点思想，先加以预防，那瓶牛奶就可以保住。可是现在已经太迟了——我们现在所能做到的，只是把它忘掉。丢开这件事情，只注意下一件事。"

49

这次小小的表演，在桑德斯忘了他所学到的几何和拉丁文以后很久都还让他记得。事实上，这件事在实际生活中所教给他的，比他在高中读了那么多年书所学到的任何东西都好。它说明了一个道理，只要可能的话，就不要打翻牛奶，万一牛奶被打翻，整个漏光了，就要彻底把这件事情给忘掉。

失去的就已经永远地离开了，即便你悲伤也好，忧郁也好，它也不会再回来了，与其花时间和精力沉浸在往日的失去中，莫不如走出忧郁，高高兴兴地去面对未来，迎接每一个崭新的日子，因为有未来就有希望，错过了昨天，你还会收获今天和明天。

放下心中的包袱，只为了关心你的人

人生的成或败、乐或悲，有相当一部分取决于自己的心态。一个人心里想着快乐的事情，他就会变得快乐；心里想着伤心的事情，心情就会变得灰暗。那么，我们为何不放下烦恼，让自己活得更加快乐呢？

著名哲学家周国平写过一个寓言：

有一位少妇忍受不住人生苦难，遂选择投河自尽。恰在此时，一位老艄公划船经过，二话不说便将她救上了船。

艄公不解地问道："你年纪轻轻，正是人生当年时，又生得花容月貌，为何偏要如此轻贱自己，要寻短见？"

少妇哭诉道："我结婚至今才两年时间，丈夫就有了外遇，并最终遗弃了我。前不久，一直与我相依为命的孩子又身患重病，最终不治而亡。老天待我如此不公，让我失去了一切，你说，现在我活着还有什么意思？"

艄公又问道："那么，两年以前你又是怎么过的？"

少妇回答："那时候自由自在，无忧无虑，根本没有生活的苦恼。"她回忆起两年前的生活，嘴角不禁露出了一抹微笑。

"那时候你有丈夫和孩子吗？"艄公继续问道。

"当然没有。"

"那么，你不过是被命运之船送回了两年前，现在你又自由自在，无忧无虑了。请上岸吧！"

少妇听了艄公的话，心中顿时敞亮许多，于是告别艄公，回到岸上，看着艄公摇船而去，仿佛做了个梦一般。从此，她再也没有产生过轻生的念头。

无论是快乐抑或是痛苦，过去的终归要过去，强行将自己困在回忆之中，只会让你备感痛苦！无论明天会怎样，未来终会到来，若想明天活得更好，你就必须以积极的心态去迎接它！你要认识到，即便曾经一败涂地，也不过是被生活送回到了原点而已。

其实，每个人的一生都是在不断地得失中度过的，我们的不如意和不顺心，其实都与在得失之间的心理调适做得不够有关系。人生如白驹过隙，如果我们在得失之间执迷不悟，是否太亏欠这似水年华呢？学会舍得，学会洒脱，你的人生才会有属于自己的精彩。

北宋时期，金兵大举入侵中原，宋朝百姓纷纷离开家乡，以避战乱。一伙百姓仓皇逃到河边，他们丢下了身上所有的重物，包括贵重的物件，拥挤着上了仅有的一条渡船，船家正要开船，岸边又赶来了一人。

来人不停地挥手、叫喊，苦苦恳求船家把他也带上。船家回答道："我这条船已经载了很多人，马上就要超载了，你要是想上船过河，就必须把身上的大包袱统统扔掉，否则船会被压沉的。"

那人迟疑不决，包袱里可是他的全部家当。

船家有些不耐烦，催促道："快扔掉吧！这一船人谁都有舍不得的东西，可他们都扔掉了。如果不扔，船早就被压沉了。"

那人还在犹豫，船家又说："你想想看，包袱和人到底孰轻孰重？是这一船人的性命重要，还是你的包袱重要？你总不能让一船人都因为你的包袱惶恐不安吧！"

要知道，包袱虽然只属于你自己，但它却会令一船人为之担心不已，这其中包括你的父母、你的妻儿、你的朋友……有些时候，纵使放不下也要放，多愁善感、愁肠百结不但会伤害你自己，同时还会伤害那些关心你的人。难道，你真的舍得他们每日为你提心吊胆，看着你郁郁寡欢的样子痛心不已吗？

人的一生，都在不间断地经历时过境迁。适时地放下一些事情，不但能给自己带来快乐，还能给家庭带来幸福。有时你要想想，人活着真的不是为了自己，你因过往琐事心思焦虑，难道还要别人也为你同样焦虑吗？

第三辑
快乐自在的人，记性往往都不好

对于不堪回首的往事，忘记就是最好的选择，人的一生短暂而脆弱，生命不能承载太多的负荷，无论风景有多美，我们只做短暂的欣赏，无论是悲还是喜，我们只当作生命的过客。

人之所以有烦恼，就是因为记性好

　　人的本性中有一种叫作记忆的东西，美好的容易记着，不好的则更容易记着，所以大多数人都会觉得自己不是很快乐。那些觉得自己很快乐的人是因为他们恰恰把快乐的记着，而把不快乐的忘记了。这种忘记的能力就是一种宽容，一种心胸的博大。生活中，常常会有许多事让我们心里难受。那些不快的记忆常常让我们觉得如鲠在喉。而且，我们越是想，越会觉得难受，那就不如选择把心放得宽阔一点，选择忘记那些不快的记忆，这是对别人，也是对自己的宽容。

　　有一位百岁高龄的老奶奶，思维敏捷，耳聪眼明，脸色红润。人们惊叹之余，开始请教她长寿的秘诀。老人笑呵呵地说："多吃素食，性格开朗，心情豁达；凡事能拿得起，更要放得下……"老奶奶强调最多的就是要学会忘记痛苦，忘记烦恼，忘记仇怨，要铭记善施，铭记恩情，感恩报德。

　　其实，记忆对人本身是一种馈赠，心胸宽阔的人用它来馈赠自己，但同时它也是一种惩罚，心胸狭窄的人则用它惩罚自己。所以说，有时候，记性不要太好，人最大的烦恼就是记性太好。

　　有师徒二人在山上隐居。徒弟很小就来到山上，从未下过山。

徒弟长大后，师父带他下山游历。由于长期离群索居，徒弟见了牛羊鸡犬都不认识。师父一一告诉徒弟："这叫牛，可以耕田；这叫马，人可以骑；这叫鸡，可以报晓；这叫狗，可以看门。"

徒弟觉得很新鲜。

这时，走来一个少女，徒弟惊问："这又是什么？"

师父怕他动凡心，因而正色说道："这叫老虎，人要接近她，就会被吃掉。"

徒弟答应着。

晚上他们回到山顶，师父问："徒儿，你今天在山下看到了那么多东西，现在可还有在心头想念的？"

徒弟回答："别的什么都不想，只想那吃人的老虎。"

如果把所有的事情都缠绕在心上，时常想起，总会时常痛苦。所以，与其纠结于心，不如看淡、看轻。生活的真谛在于宽恕与忘记，宽恕那些伤害过我们的人和事，忘记那些不值得铭记的东西。忘记是品质的提升，是心态的调和，更是生命的沉淀。

其实，忘记与铭记是一对孪生兄弟，二者不可偏取其一，否则必遭极端之苦，必受偏废之痛。所以，我们在忘记的同时也需要有一些铭记，铭记生活中的美好，铭记值得铭记的事，而把该忘记的统统忘记。

生活需要在忘记中度过

人们常说，"好汉不提当年勇"，同样，当年的辉煌仅能代表我们的过去，而不代表现在。面对过去的辉煌也好，失意也罢，太放在心上就会成为一种负担，容易让人形成一种思维定势，结果往往令曾经辉煌过的人不思进取，而那些曾经失败过的人依然沉沦、堕落。然而，这种状态并非是一成不变的。

人的一生由无数的片段组成，而这些片断可以是连续的，也可以是风马牛毫无关联的。说人生是连续的片断，无非是人的一生平平淡淡、无波无澜，周而复始地过着循环往复的日子；说人生是不相干的片断，因为人生的每一次经历都属于过去，在下一秒我们可以重新开始，可以忘掉过去的不幸，忘掉过去不如意的自己。

记忆里有个这样的印象深刻的情感故事。故事的主人公经历过一段刻骨铭心的爱。她为他私奔，又颠沛流离追随他。最后，让她意外的是，男人竟然不辞而别。50年后，他们又见，是男人心怀愧疚在人海中寻找的结果，子女忧心地伫立一旁，担心老人受不起这个打击。他满眼愧疚地看着她："我对不起你。"老人笑容依旧，波澜不惊。不管男人如何致歉，她都淡然一笑，男人怅然若失。临别，老人突然抬起眼，一脸茫然地问："你是谁？"

　　她曾经刻骨铭心的伤痛就这样随着时间的流逝，早已随风飘散了，该忘记的，不该忘记的，就这样都忘记了。也缘于她的善忘，才有了以后的日子的如水的平静和悠长。

　　人不能背着过多的负担，只有学会适当地忘记，才能走得轻松，走得快乐。每个人在忙忙碌碌的一生当中，都会经历着很多挫折和不愉快的事，如果我们守着这些不放，只会造成更多的遗憾。

　　忘记过去的错误，一切重新开始。今天是争取机遇的日子。我们都是脆弱的人，自我失败和他人的行为往往容易伤害我们。然而，我们生活的意义在于今天。

　　遗忘，有时会很艰难。很多痛苦是驻在心灵深处的，包括身体的磨难、心理的伤害，以及生活的艰难，一个经历过磨难的人，要想放下过去，磨平记忆深处的疤痕，实属不易。可是，生活中不只有回忆和痛苦，快乐地前行更重要。学会遗忘，才能轻装前行。生活，需要在忘记中度过。

懂得放弃，学会忘记，也就收获了幸福

　　起落人生，有凄美瞬间，也有执手相看泪眼。时光流转，如梦如幻，似乎冥冥中自有天意。于是总是在得与失之间徘徊，失望之情不能平复，因而备感忧伤。

很多时候，生活的确是无奈的，甚至会让人觉得是一种折磨、一种煎熬。然而，它又不可避免。或许，你有一二知己，却远隔他乡；或许你有知心爱人，却天涯相望；或许你才华横溢，却命比纸薄；或许你义胆侠肝，却屡逢宵小……总之，人生不会圆满，人人都要尝尽人生之无奈，生活之坎坷。这个时候，拿掉自己脖子上的十字架，就是等于给自己恢复自由身，尤其是在爱情的"事故"里。

一位美国朋友带着即将读大学的孩子去欧洲旅行，因为那里留有他青春的痕迹，旧地重游，很是亲切，还有一缕说不出的伤感，因为曾失却的爱，就在这里。

和儿子进入大学城内的餐厅用餐，才刚坐下，父亲即面露惊讶神色。原来，这家餐厅的老板娘，竟是当年他在此求学时追求的对象。

二十多年岁月变更，当年的粉面桃花早已不再。父亲告诉儿子说，她是一家酒吧主人的千金，她的笑容与气质深深地吸引着他。虽然女孩父亲反对他们往来，但两颗热恋的心早已融化所有的障碍，他们决定私奔。

这位美国朋友托友人转交一封信给女孩，约定私奔的日期和去向。很遗憾，他等了一天，却没看到女孩出现，只看见满天嘲弄的星辰，怀抱琴弦，却弹奏失望。他只好带着一张毕业证书回到美国。

儿子听得如痴如醉。突然，他问父亲，当年他在信上如何注明日期。因为美国表示日期的方式是先写月份，后写日期；而欧洲是先写日期，再写月份。

父亲恍然大悟，原来自己约定的日期 10 月 11 日，女孩却是欧洲的读法，判断为 11 月 10 日。一个月的时序误会，因而错失一段美好的姻缘。

二十多年来，他一直想用恨来冲淡想念；二十多年来，那女孩呢？她一定也在恨那个"薄情郎"。这位年近50岁的美国朋友，很想走过去，告诉老板娘：我们都错了，只为一个日期的误读，不为爱情。

两个对的人，却在错的时候，爱上一回。

最终，这位父亲没有站出来揭开谜底，只是默默地买单，然后轻松地回家。因为他在心中已彻底地为一个爱情中的无辜女主角昭雪。

把相恋时的狂喜化成披着丧衣的白蝴蝶，让它在记忆里翩飞远去，永不复返，净化心湖。与绝情无关——唯有淡忘，才能在大悲大喜之后炼成牵动人心的平和；唯有遗忘，才能在绚烂已极之后炼出处变不惊的恬然。

忘记是一种境界的提炼，是一种心态的调和，是一种高尚智慧的再现。学会忘记那些不该铭记的人和事吧，忘记那些不属于自己的一切，让阳光洒满心田，让爱的雨露滋润本该属于你的情感花苗。

忘记无缘的朋友，忘记投入却不能收获的感情，忘记花开花落的烦恼，忘记夕阳易逝的叹息，忘记一切不愿记忆的东西。对万事万物不要刻意地追求，否则很难走出患得患失的误区。生命要升华出安静超然的精神，懂得放弃，学会忘记，也就收获了幸福。

回到从前，只能是一次心灵的谎言

不能尽快适应新环境，就会导致过分地怀旧。一些人在人际交往中只能做到"不忘老朋友"，但难以做到"结识新朋友"，个人的交际圈也大大缩小。此类过分的怀旧行为将阻碍着人去适应新的环境，使你很难与时代同步。回忆是属于过去的岁月的，一个人应该不断进步。我们要试着走出过去的回忆，不管它是悲还是喜，不能让回忆干扰我们今天的生活。

张雯雯是某校一名普通的学生。她曾经沉浸在考入重点大学的喜悦中，但好景不长，大一开学才两个月，她已经对自己失去了信心，连续两次与同学闹别扭，功课也不能令她满意，她对自己失望透了。

她自认为是一个坚强的女孩，很少有被吓倒的时候，但她没想到大学开学才两个月，自己就对大学四年的生活失去了信心。她曾经安慰过自己，也无数次试着让自己抱以希望，但换来的却只是一次又一次的失望。

以前在中学时，几乎所有老师跟她的关系都很好，很喜欢她，她的学习状态也很好，学什么像什么，身边还有一群朋友，那时她感觉自己像个明星似的。但是进入大学后，一切都变了，人与人的隔阂是那样的明显，自己的学习成绩又如此糟糕。现在的她很无助，她常常这样想：我并没比别人少付出，并不比别人少努力，为什么别人能做到的，我却不能呢？她觉得明天已经没有希望了，她想难道12年的拼搏奋斗注定是一场空吗？那这样对自己来说太不公平了。

进入一个新的学校，新生往往会不自觉地与以前相对比，而当困难和挫折发生时，产生"回归心理"更是一种普遍的心理状态。张雯雯在新学校中缺少安全感，不管是与人相处方面，还是自尊、自信方面，这使她长期处于一种怀旧、留恋过去的心理状态中，如果不去正视目前的困境，就会更加难以适应新的生活环境，建立新的自信。

一个人适当怀旧是正常的，也是必要的，但是因为怀旧而否认现在和将来，就会陷入病态。不要总是表现出对现状很不满意的样子，更不要因此过于沉溺在对过去的追忆中。当你不厌其烦地重复述说往事，述说着过去如何如何时，你可能忽略了今天正在经历的体验。把过多的时间放在追忆上，会或多或少地影响你的正常生活。

我们需要做的是尽情地享受现在。过去的再美好抑或再悲伤，那毕竟已经因为岁月的流逝而沉淀。如果你总是因为昨天而错过今天，那么在不远的将来，你又会回忆着今天的错过。在这样的恶性循环中，你永远是一个迟到的人。与其如此，不如积极参与现实生活，如认真地读书、看报，了解并接受新生事物，积极参与改革的实践活动，要学会从历史的高度看问题，顺应时代潮流，不能老是站在原地思考问题。如果对新事物立刻接受有困难，可以在新旧事物之间寻找一个突破口，例如思考如何再立新功、再创辉煌，不忘老朋友、发展新朋友，继承传统、厉行改革等，寻找一个最佳的结合点，从这个点上做起。

说穿了，回到从前也只能是一次心灵的谎言，是对现在的一种不负责的敷衍。史威福说："没有人活在现在，大家都活着为其他时间做准备。"所谓"活在现在"，就是指活在今天，今天应该好好地生活。这其实并不是一件很难的事，我们都可以轻易做到。

向你的旧伤问好，不爱了就不要一直怀念

只要真心爱过，分离对于每个人而言都是痛苦的。不同的是，聪明的人会透过痛苦看本质，从痛苦中挣脱出来，笑对新的生活；愚蠢的人则一直沉溺在痛苦之中，抱着回忆过日子，从此再不见笑容……

小菲失恋了，她没有大把的金钱去欧洲旅游散心，于是便躲进了自己的世界里。不上班的时候，她就一直蜷缩在自己的房间里，抱着抱枕发呆，鼻子上危险地架着不断下滑的眼镜，床上到处扔着擦了鼻涕的纸巾。

她的情绪一直起伏不定，心里一直想着那个离自己而去的男人，几乎时时刻刻。她想着在一起时他的温柔与体贴，想到自己从心里笑出来；她也会想到他的坏脾气和大男子主义，想到自己的心打了几个结。她甚至有意地不让自己面带笑容，她觉得失恋应该是痛苦的无法快速摆脱的。

有时清早醒来，她会告诉自己没有什么大不了的，一个人也可以

62

生活得很好，甚至觉得应该再找一个男人恋爱了。可是一转眼，她就开始回忆起过去的点点滴滴，心一次又一次地被揪起，疼痛，无以复加。

在小菲看来，自己与他还有些千丝万缕的关联。她极端地怀念已经逝去的爱情，虽然那只是残破的浸满泪珠子的回忆。在小菲的世界里，任何风景都变得悲伤起来。节日里，她觉得唯独自己是个悲伤的小角色，听着撕心裂肺的歌曲，脚步拖沓地走在马路上，行尸走肉一般没有任何表情，只有皱起的眉头和水汪汪的眼珠子配合着寒冷的天气透着忧郁。

爱情面前，不要轻易说放弃，但放弃了，就不要再介怀。经不起考验的爱情是不深刻的。爱情里，爱的不仅仅是对方，还有自己。对不珍惜你的人，不需要由他（她）说对不起，你要主动说"对不起"，潜台词是——拜拜！

不爱了就不要一直怀念，纠缠不休，哭着喊着不肯离去的人最卑微。甚至更过分的，有的人还会去伤害、毁掉自己的旧恋人——我爱不成你，怎能让别人去爱？那种阴暗的心理昭然若揭，虽然是少数，但总够触目惊心。

爱不要爱得迷失，更不要爱得极端。不能爱了，就把他当作窗前走过的马蹄声，就把他当作驿路上一棵经过的树，就把他看成你生命里的过客，如果可以，送上一点祝福，念一句"只要你过得比我好"。

只要现在是你的，就不要纠结他的过去

有的人对爱人以前的爱情经历耿耿于怀，他们总喜欢对对方过去的爱情经历刨根问底，在想象中塑造着对方往日恋人的形象，然后拿来和自己反复做着比较，在这种比较中，常常会产生忌妒、愤怒、自卑等消极情绪，从而构成对自己目前恋情的致命威胁。

张子凡在大学时代就和同班同学王雨琦谈起了恋爱，两个人的感情一直都很稳定。可是大学毕业后，王雨琦去了美国留学，张子凡考虑到自己的事业在国内更有前途，所以根本就没有去国外的打算，而王雨琦又不想很快回国，所以两个人经过协商，友好地分手了。

一次偶然的机会，一名叫林丽丽的女护士闯进了张子凡的视线，经过长时间地观察，张子凡发现林丽丽虽然只是中专毕业，但是人长得很漂亮，而且为人热情、大方、善良而又有耐心。他觉得这种女孩非常适合做自己的妻子，因为自己是个事业狂，如果能够娶到林丽丽这样的女孩做妻子，她一定会是个贤内助，肯定能成为自己发展事业的好帮手。于是在他的狂热追求下，林丽丽终于成了他的恋人。

为了避免不必要的麻烦，张子凡从未对林丽丽说起自己过去和王雨琦的那段恋情。张子凡和林丽丽的感情越来越热烈，甚至到了谈婚论嫁的地步。也正如张子凡所料，林丽丽果然对他的事业帮助很大，休班的时候，林丽丽总是到张子凡的住处帮助他打扫房间、洗衣、做饭，有时还帮助他查阅、打印资料，两个人都充分享受着爱情的甜蜜和美满。

可是，有一天，张子凡的一位大学同学从外地来这里出差，晚上在饭店为老同学接风的时候，张子凡带林丽丽一起去了。由于久别重逢，张子凡和那位老同学都感到很兴奋，于是两个人都喝得有点过了。那个老同学忽略了林丽丽的感受，对张子凡说，他们这些老同学都对张子凡和王雨琦的分手感到十分遗憾，因为王雨琦是那样才华横溢，将来肯定能在事业上大有作为，老同学原本都以为他们俩是天造地设的一对，在事业上一定会是比翼双飞。

虽然那位老同学也说，今天见了林丽丽后，也就不会再遗憾了，因为林丽丽的漂亮和善解人意都是王雨琦所无法企及的。但是这丝毫没有减轻林丽丽心中的痛苦，她第一次知道在自己之前，张子凡还有过一个聪明而有才华的女朋友，尤其是那个女朋友比自己优秀得多：她比自己学历高，而且还去了美国留学。在林丽丽看来，张子凡之所以要对自己隐瞒这段感情，一是王雨琦因为出国而抛弃了他，他出于一个男人的自尊而不愿意对自己提起，二是因为他至今都忘不了王雨琦，而自己则完全是张子凡用来掩饰心灵创伤的一副创可贴罢了。她为自己成了王雨琦在张子凡心目中的替代品而感到可悲。

所以那天回来后，林丽丽跟张子凡大闹了一场，尽管张子凡百般解释自己是一心一意地爱着她的，至于王雨琦，那完全属于过去，自己对她真的已经没有爱的感觉了。但是在林丽丽的心目中还是从此产生了疙瘩，在以后两个人交往的过程中，林丽丽处处自觉或不自觉地拿王雨琦说事，有时候都让张子凡防不胜防。有时张子凡夸林丽丽几句，她就冷不丁地来上一句："你以前是不是也常常这样夸王雨琦？"
如果有时候林丽丽什么事情没做好，张子凡向她提意见，她常常反唇
相讥："对不起，我就是这种水平，谁叫你放走了才女，而交了我这个
低学历、没本事的女朋友呢，后悔了吧！"

一次，张子凡要去美国出差，林丽丽一边帮他收拾行李，一边问：
"就要见到王雨琦了，心情一定很激动吧？"当时张子凡正急着整理去
美国要用的一些资料，就没顾得上搭理林丽丽。这让林丽丽更加误会
了，她又说："好马也吃回头草，如果现在王雨琦还是一个人的话，你
们这次就在美国破镜重圆了吧。"

这时，张子凡不耐烦地说了一句："你怎么又拿王雨琦说事，烦不烦
啊！"不料，林丽丽脸色大变："我学历低，能力差，不能和你比翼齐飞，
你当然烦我了，要烦了就明说，别遮着捂着，搞那一套此地无银的伎俩，
我不是那种没有自尊、非要赖上一个男人不可的人。"说着转身离去了。

由于第二天就要启程去美国，所以张子凡就想等回国后再去找她
解释，可是令他没有想到的是，等他回国后，她已经火速地经别人介
绍认识了一个男朋友。她对他说："我现在的男朋友各方面都不如你，
我这么急着另找一个人，也是为了逼自己坚决离开你，我必须自己断
了自己的回头之路。"

拥有美好的事物时，我们虽说应该居安思危，但亦不可思危过度，
每日纠结于那些已经成为过去的故事，那个原本已经成为了过去的、
跟现在毫不相干的人，便会长期纠缠在两个人的爱情生活中，最终导
致爱情危机。其实，我们所能掌握的只有现在，那么我们就只能尽力
过好眼前的生活，过去的事情是我们无法改变的，那就只能让它过去，
不要让它影响现在的生活。

七岁的孩子在与妈妈玩耍。

小男孩翻着爸爸的相册，赫然一个面容姣好、身材漂亮、充满青春活力的妙龄少女，使人眼睛一亮。

"妈妈，这个大姑娘是爸爸以前的女朋友。"孩子歪着头逗妈妈，"这是爸爸说的。妈妈，你气不气？"

"有什么气的？都是过去的事了，只要你爸现在是我的。小孩子别瞎说。"已经发福的妈妈脸上洋溢着幸福的笑，老公确实对她很不错，人有本事，又老实，在单位人缘、名声极佳，她真够幸福！

"只要现在是我的！"她能够真诚地原谅和理解丈夫的过去，并在现实中奉献全部的爱心来关心和照顾丈夫。她从不对丈夫斤斤计较、耿耿于怀，如此豁达的心胸怎能不令全家相处安然，甜蜜幸福呢？

"只要现在是我的"，是一种对世事的豁然与达观，是一种对待自身处境的知足和满意，也是一种发展的沉着与务实。

能够满足于"只要现在是我的"，才能珍惜你所梦寐以求的东西，才会呵护、努力保持并使这一美梦持续和升华。

与其时时内疚，不如尽力补救

没有一个人是没有过失的，只要有了过失之后勇于去改正，前途依然阳光，但若徒有感伤而不从事切实的补救工作，则是最要不得的!

偏偏,很多人容易被负疚感左右。当然,其来源也各有不同。但最早真正可以让你感到愧疚的人,一定是你很爱的人。比如,你的父母、孩子、亲人、配偶和挚友。因此,愧疚最早与爱有关,这是一个人产生愧疚的早期根源。

愧疚的人总是习惯为痛苦"买单"。一旦生活中发生了不愉快的事情,他们的第一反应就是反省自己,有了"愧疚"的痛苦感受,他们往往很难做出客观判断,因而相对的反应也往往是不客观、盲目的。

赫莉的母亲很早便守寡,她勤奋工作,以便让赫莉能穿上好衣服,在城里较好的地区住上令人满意的公寓,能参加夏令营,上名牌私立大学。她为女儿"牺牲"了一切。当赫莉大学毕业后,找到了一个报酬较高的工作,她打算独自搬到一个小型公寓去。公寓离母亲的住处不远,但人们纷纷劝她不要搬,因为母亲为她做出过那么大的牺牲,现在她撇下母亲不管是不对的。赫莉认为他们说得对,便同意与母亲住在一起。

后来她喜欢上了一个青年男子,但她母亲不赞成她与他交朋友,她和母亲大吵一番后离家出走了,几天后听人们说母亲因她的离家而终日哭泣,内疚感再一次作用于赫莉,她向母亲让步了。几年后,赫莉完全处于她母亲的控制之下。到最终,她又因负疚感造成的压抑毁了自己,并因生活中的每一个失败而责怪自己和自己的母亲。

极端愧疚的人,实际上是生活在别人阴影中的人,不能够真切地感受自我,久而久之甚至会导致心理疾病的产生,乃至觉得自己不配活在这个世界上。

相比之下,哈蒙的情况就要好很多。

哈蒙是一位商人，长年在外经营生意，少有闲时。当有时间与全家人共度周末时，他非常高兴。

他年迈的双亲住的地方，离他的家只有一个小时的路程。哈蒙也非常清楚自己的父母是多么希望见到他和他的家人。但是他总是寻找借口尽可能不到父母那里去，最后几乎发展到与父母断绝往来的地步。

不久，他的父亲去世了，哈蒙好几个月都陷于内疚之中，回想起父亲曾为自己做过的许多事情。他埋怨自己在父亲有生之年未能尽孝心。在悲痛之情平静下来后，哈蒙意识到，再大的内疚也无法使父亲死而复生。认识到自己的过错之后，他改变了以往的做法，常常带着全家人去看望母亲，并同母亲保持经常的电话联系。

其实内疚也可以说是人之常情，或许每个人都曾内疚过，我们的生活那么复杂，我们在经历学业、事业以及家庭琐事时，难免会做错事，那么就一定要内疚下去吗？千万不要这样，这是很可怕的事情，它会让你的生活失去绚丽的颜色。退一步说，即便深陷在后悔的自责之中，又有什么用？我们是不是该为自己的过错做点什么，如果你能尽力补救，相信你的心就会好过一些。

从另一方面说，内疚或许不完全是坏事，因为它确实可以让人变得更加成熟，也可以让人在今后的日子中减少痛苦并更有能力去摆脱痛苦。但怕的是，因为内疚而"走火入魔"，乃至痛恨自己、厌恶自己，直至厌恶了这个世界。其实，这更是一种不负责，是对自己、对亲友，乃至对曾被你伤害过之人的不负责。如果你深陷这种状态，如何去救赎自己的错误，而倘若你不能自我救赎，那无疑就是错上加错。所以说，人应该学会释放，不要深陷后悔的自责当中，应该振奋精神，投身到对错误的补救当中，这才是当下最该做的事情。

忘记过去的不幸，别让自己深陷孤独中

一辈子那么长，总免不了孤单一下，孤单不可怕，可怕的是孤独。如果记忆不是那么好，人是不是不会明白什么叫作孤独？往往经历了以后，才会发现在自己的记忆里，有多少是孤寂的，有多少是幸福的。

孤独是人生的一种痛苦，内心的孤寂远比形式上的孤单更为可怕。沉浸在孤独中的人离群索居，将自己的内心紧闭，拒绝温暖、自怜自艾，甚至有些人因此而导致性格扭曲，精神异常。如果不能忘记孤独，人生只有痛苦。

迈克尔·杰克逊走了，众所周知，这位世界级偶像的人生并不快乐，他不止一次说过："我是人世间最孤独的人。"

他说："我根本没有童年。没有圣诞节，没有生日。那不是一个正常的童年，没有童年应有的快乐！"

他五岁那年，父亲将他和四个哥哥组成"杰克逊五兄弟"乐团。他的童年，"从早到晚不停地排练、排练，没完没了"；在人们尽情娱乐的周末，他四处奔波，直到星期一的凌晨四五点，才可以回家睡觉。

童年的杰克逊，努力想得到父亲的认可，他"八岁成名，十岁出唱片，12岁成为美国历史上最年轻的冠军歌曲歌手"，但却仍得不到父亲的赞许，仍是时常遭到打骂。

心理学家说：12 岁前的孩子，价值观、判断能力尚未建立，或正在完善中，父母的话就是权威。当他们不能达到父母过高的期望而被否定、责怪时，他们即便再有委屈，但内心深处仍然坚信父母是正确的。杰克逊长大后的"强迫行为、自卑心理"等，当和父亲的否定评价有关。

父亲还时常嘲笑他："天哪，这鼻子真大，这可不是从我这里遗传到的！"杰克逊说，这些评价让他非常难堪，"想把自己藏起来，恨不得死掉算了。可我还得继续上台，接受别人的打量"。

其后，迈克尔·杰克逊的"自我伤害"，多次忍受巨大痛苦整容，当和童年的这段经历有关。

杰克逊在《童年》中唱道："人们认为我做着古怪的表演，只因我总显出孩子般的一面……我仅仅是在尝试弥补从未享受过的童年。"

杰克逊说："我从来没有真正幸福过，只有演出时，才有一种接近满足的感觉。"

曾任杰克逊舞蹈指导的文斯·帕特森说："他对人群有一种畏惧感。"

在家中，杰克逊时常向他崇拜的"戴安娜（人体模特）"倾诉自己的胆怯感，以及应付媒体时的慌恐与无奈。

他和猫王的女儿莉莎结婚，当时轰动了整个地球，但两人的婚姻生活并不愉快，莉莎说："对很多事我都感到无能为力……感觉到我变成了一部机器。"1996 年他又与黛比结成连理，但幸福的日子持续也并不长，1999 年两人离婚；之后，他又与布兰妮交往甚密，但布兰妮却一直强调：我们只是好朋友。

杰克逊直言不讳地承认："没有人能够体会到我的内心世界。总有不少的女孩试图这样做，想把我从房屋的孤寂中拯救出来，或者同我一道品尝这份孤独。我却不愿意寄希望于任何人，因为我深信我是人世间最孤独的人。"

　　感到孤独的人很多，又或者说，每个人或多或少都有些孤独感，然而，千万不要让孤独成为一种常态，因为，这会令你找不到通向幸福的路。实际上，孤独的人，只要放下过去的包袱，敞开心门接纳这个世界，就可以找到人生的伙伴，找到爱情与友谊。

　　其实，没有人会为你设限，人生真正的劲敌，就是你自己。别人不会对你封锁沟通的桥梁，可是，如果自我封闭，又如何能得到别人的友爱和关怀。走出自己的狭小的空间，敞开你的心门，用真心去面对身边的每一个人，收获友情和爱情的同时，你眼中的世界会更加美好。

无论如何，明天又是新的一天

　　"After all,tomorrow is another day"，相信每一个读过美国作家玛格丽特·米切尔的《飘》的人，都会记得主人公思嘉丽在小说中多次说过的话。在面临生活困境与各种难题的时候，她都会用这句话来安慰和开脱自己，"无论如何，明天又是新的一天"，并从中获取巨大的力量。

和小说中思嘉丽颠沛流离的命运一样，我们一生中也会遇到各种各样的困难和挫折。面对这些一时难以解决的问题，逃避和消沉是解决不了问题的，唯有以阳光的心态去迎接，才有可能最终解决。阳光的人每天都拥有一个全新的太阳，积极向上，并能从生活中不断汲取前进的动力。

克瓦罗先生不幸离世了，克瓦罗太太觉得非常颓丧，而且生活瞬间陷入了困境。她写信给以前的老板布莱恩特先生，希望他能让自己回去做以前的老工作。她以前靠推销《世界百科全书》过活。两年前她丈夫生病的时候，她把汽车卖了。于是她勉强凑足钱，分期付款才买了一部旧车，又开始出去卖书。

她原想，再回去做事或许可以帮她解脱她的颓丧，可是要一个人驾车，一个人吃饭，这几乎令她无法忍受。有些区域简直就做不出什么成绩来，虽然分期付款买车的数目不大，但她却很难付清。

第二年的春天，她在密苏里州的维沙里市，见那儿的学校都很穷，路很坏，很难找到客户。她一个人又孤独又沮丧，有一次甚至想要自杀。她觉得成功是不可能的，活着也没有什么希望。每天，早上她都很怕起床面对生活。她什么都怕，怕付不出分期付款的车钱，怕付不出房租，怕没有足够的东西吃，怕她的健康情形变坏而没有钱看医生。让她没有自杀的唯一理由是，她担心她的姐姐会因此而觉得很难过，而且她姐姐也没有足够的钱来支付自己的丧葬费用。

然而有一天，她读到一篇文章，使她从消沉中振作起来，使她有勇气继续活下去。她永远感激那篇文章里那一句令人振奋的话："对一个聪明人来说，太阳每天都是新的。"她用打字机把这句话打下来，贴在她的车子前面的挡风玻璃上，这样，在她开车的时候，每一分钟都能看见这句话。她发现每次只活一天并不困难，她学会忘记过去，每天早上都对自己说："今天又是一个新的生命。"她成功地克服了对孤寂的恐惧和她对需的恐惧。她现在很快活，也还算成功，并对生命抱着热忱和爱。她现在知道，不论在生活上碰到什么事情，都不要害怕；她现在知道，不必怕未来；她现在知道，每次只要活一天——而"对一个聪明人来说，太阳每天都是新的"。

在日常生活中可能会碰到极令人兴奋的事情，也同样会碰到令人消极的、悲观的事情，这本来应属正常。如果我们的思维总是围着那些不如意的事情转动的话，也就相当于往下看，那么终究会摔下去的。因此，我们应尽量做到脑海想的、眼睛看的，以及口中说的都应该是光明的、乐观的、积极的，相信每天的太阳都是新的，明天又是新的一天，发扬往上看的精神才能在我们的事业中获得成功。

无论是快乐抑或是痛苦，过去的终归要过去，强行将自己困在回忆之中，只会让你备感痛苦！无论明天会怎样，未来终会到来，若想明天活得更好，你就必须以积极的心态去迎接它！你要知道——太阳每天都是新的！

第四辑
聪明人，无谓争意气

　　一个人的胸怀决定了他人生的幸福度。一个人立身处世，如果任凭感性随意凌驾于理性之上，任由情绪控制理性，一定会给自己招惹很多麻烦。心有多大，世界就有多大。

冲动是魔鬼，谁碰谁后悔

郭冬临老师在春晚小品中曾说过一句颇为精辟的话——"冲动是魔鬼"，一时间成为大家津津乐道的口头禅。的确，冲动是魔鬼，人在"冲动"的驾驭下，往往会做出一些匪夷所思的举动，甚至不惜去触犯法律、道德的底线，为自己的人生抹下一道重重的阴影。

其实，人活于世，俗事本多，我们真的没有必要再去为自己徒增烦恼。遇事，若是能冷静下来，以静制动，三思而后行，绝对会为你省去很多不必要的麻烦。否则，你多半会追悔莫及。

有这样一则故事，颇有警示意义：

古时有一愚人，家境贫寒，但运气不错。一次，阴雨连绵半月，将家中一堵石墙冲倒，而他竟在石墙下挖到了一坛金子，于是转眼成为富人。

然而，此人虽愚笨，却对自己的缺点一清二楚。他想让自己变得聪明一些，便去求教一位智者。

智者对他说："现在你有钱，但缺少智慧，你为何不用自己的钱去买别人的智慧呢？"

此人闻言，点头称是，于是便来到城里。他见到一位老者，心想：老人一生历事无数，应该是有智慧的。遂上前作揖，问道："请问，您能将您的智慧卖给我吗？"

老者答道："我的智慧价值不菲，一句话要 100 两银子。"

愚人慨言："只要能让自己变得聪明，多少钱我都在所不惜！"

只听老者说道："遇到困难时、与人交恶时，不要冲动，先向前迈三步，再向后退三步，如此三次，你便可得到智慧。"

愚人半信半疑："智慧就这么简单？"

老者知道愚人怕自己是江湖骗子，便说："这样，你先回家。如果日后发现我在骗你，自然就不用来了；如果觉得我的话没错，再把 100 两银子送来。"

愚人依言回到家中。当时日已西下，室内昏暗。隐约中，他发现床上除了妻子还有一人！愚人怒从心起，顺手抄过菜刀，准备宰了这对"奸夫淫妇"。突然间，他想起白日向老者赊来的"智慧"，于是依言而行，先进三步，再退三步，如此三次。这时，那个"奸夫"惊醒过来，问道："儿啊，大晚上的你在地上晃悠什么？"

原来那个"奸夫"竟是自己的母亲！愚人心中暗暗捏了一把汗："若不是老人赊给我的智慧，险些将母亲错杀刀下！"

翌日一早，他便匆匆赶向城里，去给老者送银子了。

常言道："事不三思终有悔，人能百忍自无忧。"冷静就是一种智慧！世间的很多悲剧，都是因一时冲动所致。倘若我们能将心放宽一些，遇事时、与人交恶时，压制住自己的浮躁，考虑一下事情的前前后后以及由此造成的后果，且咽下一口气，留一步与人走，人与人之间的关系就会变得和谐许多。

据说青年拳击手王亚为，某日骑车上街，在路口等红灯时，后面冲上来一个骑车的小伙子撞到他的自行车上。小伙子不但不道歉，反而态度蛮横，要王给他修车。王很是恼火，但是他极力控制自己的情绪不发作。这小伙子不自量力，口出狂言："你是运动员吧？你就是拳击运动员我也不怕，咱们练练？"一听对方要打架，王连忙后退说："别打别打，我不是运动员，我也不会打架。"因为他的示弱，一场冲突避免了。事后他说："我知道，我这一拳打出去，对普通人会造成多大的伤害。我必须时刻提醒自己要忍耐，示弱反而让我感到自己更强大。"

有道是"他强任他强，清风拂山岗；他横任他横，明月照大江！"我们做人，理应如王亚为这般，在无谓的冲突面前，晓得忍让，有时示弱即是强！示弱才能无忧！

小不忍，致大灾

许多人都会在自觉与不自觉之间信奉着一个字——"忍"，虽然信奉"忍"字的人很多，然而真正了解它内涵的人却少之又少。许多人将一幅幅"忍"字字画悬挂于客厅、卧室、钥匙扣等之上，然而他们就像"叶公好龙"一般，喜欢的不是真"忍"，而是书画上的假"忍"。

"忍"的真正内涵是什么？在很多时候，"忍"体现在"不嗔不狂、不嚣张"上，也就是制怒与戒嚣张两方面。

忍辱是制怒的一部分，在面对一些无理取闹之人的讽刺与侮辱时，能够释放于心外才能制怒。

然而在生活中，我们常看到很多人为了一点很小的事情而怒容满面，甚至与其他人大打出手，这是欲成大事者的大忌。我们每个人都避免不了动怒，愤怒情绪是人生的一大误区，是一种心理病毒。克制愤怒是人生的必修课，那些任怒火横冲直撞而不加抑制的人是难成大器的。我们分析一下明朝几经沉浮的官员李三才的失败根源，就不难发现这点。

明神宗时的曾官至户部尚书的李三才可以说是一位好官，为什么这么说呢？当时他曾经极力主张免除天下矿税，减轻民众负担；而且他疾恶如仇，不愿与那些贪官同流合污，甚至不愿与那些人为伍。但是他在"忍"上的造诣却太差。

有次上朝，他居然对明神宗说："皇上爱财，也该让老百姓得到温饱。皇上为了私利而盘剥百姓，有害国家之本，这样做是不行的。"李三才毫不掩饰自己的愤怒、说话也不客气的行为激怒了明神宗，他也因此被罢了官。

后来李三才东山再起，有许多朋友都担心他的处境，于是劝他说："你疾恶如仇，恨不得把奸人铲除，也不能喜怒挂在脸上，让人一看便知啊。和小人对抗不能只凭愤怒，你应该巧妙行事。"李三才则不以为然，反而认为那样做是可耻的，他说："我就是这样，和小人没有必要和和气气的。小人都是欺软怕硬的家伙，要让他们知道我的厉害。"没过多久，李三才又被罢了官。

回到老家后，李三才的麻烦还是不断。朝中奸臣担心他再被重新起用，于是继续攻击他，想把他彻底搞臭。御史刘光复诬陷他盗窃皇木，营建私宅，还一口咬定李三才勾结朝官，任用私人，应该严加治罪。李三才愤怒异常，不停地写奏书为自己辩护，揭露奸臣们的阴谋。

他对皇上也有了怨气，居然毫不掩饰愤怒情绪，对皇上说："我这个人是忠是奸，皇上应该知道的。皇上不能只听谗言。如果是这样，皇上就对我有失公平了，而得意的是奸贼。"最后，明神宗再也受不了他了，便下旨夺去了先前给他的一切封赏，并严词责问他，于是李三才彻底失败了。

古人常说"喜怒不行于色"，而李三才却不明白此点，不分场合、不分对象随意发怒，自然只能产生失败的后果了。

如果我们欲成就一番事业，就应该时刻注意学会制怒，不能让浮躁愤怒左右我们的情绪。著名的成功学大师拿破仑·希尔曾经这样说："我发现，凡是一个情绪比较浮躁的人，都不能做出正确的决定。在成功人士之中，基本上都比较理智。所以，我认为一个人要获得成功，首先就要控制自己浮躁的情绪。"

"事临头，三思为妙，怒上心，忍让最高"。做人，应当提高自己控制浮躁情绪的能力，时时提醒自己，有意识地控制自己情绪的波动。千万不要动不动就指责别人，喜怒无常，改掉这些坏毛病，努力使自己成为一个容易接受别人和被人接受，性格随和的人。只有这样的人才能成大事。

那些只会生气的人是蠢人

"人生就像一场戏，因为有缘才相聚；相扶到老不容易，是否更该去珍惜。为了小事发脾气，回头想想又何必？别人生气我不气，气出病来无人替。我若气死谁如意？况且伤神又费力！邻居亲朋不要比，儿孙琐事由他去；吃苦享乐在一起，神仙羡慕好伴侣。"一首《莫生气》，虽无华丽的辞藻，却成了世人常挂在嘴边的"忍怒格言"，这不仅是因为它读起来朗朗上口，更是因为它用最普通的话说出了最简单却又最难做到的道理。

生气动怒是一种极为常见的情绪反应，它随时都有可能让人情不自禁地表现出来。或许，正是因为它太常见，因而很多人对其不以为意。殊不知，生气具有极强大的破坏力，它可以摧毁一个人的学业、事业、人脉、家庭以及身体等，毫不夸张地说，不加节制的怒火甚至可以烧毁一切！它，就是我们缔造人生幸福的莫大障碍，就是我们事业走向成功的拦路虎。

"嗔心一起，于人无益，于己有损；轻亦心意烦躁，重则肝目受伤"。害人害己的事我们何必去做？只为生活中所遇的一点小事就大发雷霆，那是愚人的行为。如果能把生活中不如意的一些小事看得淡一点，并能在静观中有所收益，悟得生活中的种种道理，我们就不会活得太累，活得不开心。

一位老妇人脾气十分怪癖，经常为一些无关紧要的小事大发雷霆，而且生气的时候说话很刻毒，常常无意中伤害了很多人。因此，她与周围的人都相处得不太和谐。她也很清楚自己的脾气不好，也很想改，可是火气上来时，她就是没有办法控制自己。

一次，朋友对她说，山里生活着一位智者，说不定他可以帮你。她觉得有点道理，于是就抱着试一试的态度去找那位智者了。

当她向智者诉说自己的心事时，态度十分恳切，强烈地渴望能从智者那儿得到一些启示。智者默默地听她诉说，等她说完，就带她来

81

到一间空房，然后锁上门，一言不发地离去了。

这位老妇人本想从智者那里得到一些启示的话，可是没有想到智者却把她关在又冷又黑的房子里。她气得直跳脚，并且破口大骂，但是无论她怎么骂，智者都不理睬她。老妇人实在受不了了，于是开始哀求智者放了她，可是智者仍然无动于衷，任由她自己说个不停。

过了很久，智者终于听不到房间里的声音了，于是就在门外问："你还生气吗？"

老妇人恶狠狠地回答道："我只是生自己的气，很后悔自己听信别人的话，干吗没事找事地来到这种鬼地方找你帮忙。"

智者听完，说道："你连自己都不肯原谅，怎么会原谅别人呢？"说完转身就走了。

过了一会儿，智者又问："还生气吗？"

老妇人说："不生气了。"

"为什么不生气了呢？"

"我生气又有什么用？还不是被你关在这又冷又黑的房子里吗？"

智者有点担心地说："其实这样会更可怕，因为你把气全部压在了一起，一旦爆发会比以前更强烈的。"于是又转身离去了。

等到第三次智者来问她的时候，老妇人说："我不生气了，因为你不值得我生气。"

"你生气的根还在，你还是不能从气的旋涡中摆脱出来！"智者说道。

又过了很久，老妇人主动问智者："大师，您能告诉我气是什么吗？"

智者还是不说话，只是看似无意地将手中的茶水倒在地上。老妇人终于明白：原来，自己不气，哪里来的气？心地透明，了无一物，何气之有？

一个只会生气的人是蠢人，一个能够控制自己情绪，做到尽量不为小事生气的人是聪明人，聪明人的聪明之处，是善于利用理智，将情绪引入正确的表现渠道，用理智驾驭情感。"人生一世，草木一春"。每个人都只有短短的一生，何不让自己活得快活、潇洒一些呢？

那些小事就如一粒粒的碎沙，在你的鞋子里让你感觉不舒服。那么，为了摆脱这些碎沙，你选择倒掉沙子还是踢掉鞋子？我们不能不穿鞋子，因为我们还有许多路要走，所以，还是选择倒掉沙子吧。

妥协并非懦弱，而是退一步进两步

很多人将妥协、退让视为懦弱的表现，自认为针锋相对、寸土必争才是"好汉子"、"真英雄"。很明显，这类人的人生修为尚浅，做人的深度不足。其实很多时候，"退一步"并不意味着放弃努力和宣布失败，一些积极意义上的妥协是为了伺机行事，出奇制胜，是退一步而进两步。

我们先来看看下面这两则故事。

他是一家化妆品公司的推销员，他的公司几次想与另一家化妆品公司合作，但都未如愿。经过他的不懈努力，对方终于答应与他的公司合作！不过有一个要求：要在其化妆品广告词中加上该公司的名字。

他的老总不同意，认为这是在花钱替别人做广告，协商又陷入僵局，合作公司限他们在两天之内给予答复。

听到这个消息，直接找到老总，劝老总赶紧答应，否则一定会错失良机。老总不乐意："我坚决不妥协，他们这是以强欺弱。"

他认为把产品和一个著名的品牌捆绑在一起是有利的，经过他的一再努力，老总终于同意了合作条件。事情像他预料的一样，公司的生意蒸蒸日上，销售额直线上升，他也因此被提升为业务总经理。

她拥有一家三星级宾馆，经朋友介绍，她认识了一位名气很大的导演，导演准备在她的宾馆开一个新闻发布会。

她爽快地同意了，可在租金上却不能与对方达成协议。她要价四万元，导演只答应出两万元，双方争执不下。朋友劝她："你怎么这么傻，你只看到了两万元，两万元背后的钱可不止这个数，他们都是名人，平时请都请不来。"

她还是不妥协，坚持要四万元，还对朋友说："你看你介绍的人，这么苛刻。"朋友生气地说："我没有你这个目光如豆的朋友。"说完，朋友抛开她，自己走了。

她旁边一家四星级宾馆的总经理听到这个消息，及时找到导演，说他愿意把宾馆大厅租给导演，而且要价不超过1.5万元。

于是，导演便租了这家四星级宾馆。开新闻发布会那几天除了许多记者、演员外，还有不少慕名而来的影迷，十几层的大楼无一空室。而且因为明星的光临，这家四星级宾馆名声大噪。

她看到这一幕后，后悔得不得了，但一切都晚了，她只能谴责自己目光短浅。

故事中的两个人谁更聪明，谁才是强者，应该不用再多说了吧？从这两则故事中，我们不难看出一个事实：妥协有时就是通往成功的必要，就是在冷静中窥伺时机，然后准确出击；这种妥协应是以退让开始，以胜利告终，表相是以对方利益为重，真相是为自己的利益开道。

妥协无疑是一种睿智，它对于我们的人生起着微妙的作用，甚至可以改变人的一生。我们生存的世界充满了诡异与狡诈，人间世情变化不定，人生之路曲折艰难，充满坎坷。在人生之路走不通的地方，要知道退让一步、让人先行的道理；在走得过去的地方，也一定要给予人家三分的便利，这样才能逢凶化吉，一帆风顺。

中国有句格言："忍一时风平浪静，退一步海阔天空。"不少人将它抄下来贴在墙上，奉为处世的座右铭。这句话与当今商品经济下的竞争观念似乎不大合拍，事实上，"争"与"让"并非总是不相容，反倒经常互补。在生意场上也好，在外交场合也好，在个人之间、集团之间，也不是一个劲儿"争"到底，退让、妥协、牺牲有时也很有必要。而作为个人修养和处世之道，"让"则不仅是一种美好的德性，而且也是一种宝贵的智慧。

以不在意的态度，对待生活中的冲突

有了分歧、有了冲突怎么办？很多人就喜欢争吵，非论个是非曲直不可。其实这种做法很不明智，吵架又伤和气又伤感情，不值。不如大事化小，小事化了，俗话说"家和万事兴"，推而广之，人和自然也是万事兴。

在安徽省桐城市的西南一隅，有一条全长约180米、宽2米的巷道，当地人称之为"六尺巷"。

据作家姚永朴《旧闻随笔》和《桐城县志略》等史料记载：清朝名臣张英便住在这里，张英历任礼部侍郎、兵部侍郎、工部尚书、翰林院掌院学士、文华殿大学士、礼部尚书等职，名声显赫，桐城人习惯将他称为"老宰相"，其子张廷玉称为"小宰相"，父子二人合称为"父子双宰相"。

当年张英家和一户姓吴的人家比邻而居，房屋之间有块空地被吴家给占用了，张家的人就送信给张英，让他出面干预。张英看罢来信，就写了首诗给家人，诗上说："一纸书来只为墙，让他三尺又何妨。长城万里今犹在，不见当年秦始皇。"家人见书明理，遂退让三尺，吴家见此情景深感惭愧，亦退让三尺，这样张吴两家之间就形成了六尺宽的巷道，后人称为"六尺巷"。

张英轻启朱毫，四两拨千斤，简简单单的几句诗，就化解了原本剑拔弩张的邻里矛盾，为时人亦为后人做出了谦逊礼让、与人为善的绝好榜样。

《庄子》中对如何不与别人发生冲突也做了阐述。有一次，有一个人去拜访老子。到了老子家中，看到室内凌乱不堪，心中感到吃惊。于是，他大声咒骂一通扬长而去。翌日，又回来向老子致歉。老子淡然说道："你好像很在意智者的概念，其实对我来讲，这是毫无意义。所以，如果昨天你说我是马的话我也会承认的。因为别人既然这么认为，一定有他的根据，假如我顶撞回去，他一定会骂得更厉害。这就是我从来不去反驳别人的缘故。"

　　这则故事告诉我们，在现实生活中，当双方发生矛盾或冲突时，对于别人的批评，除了虚心接受之外，最好还能养成毫不在意的功夫。

　　孟子也说："君子之所以异于常人，便是在于其能时时自我反省。即使受到他人不合理的对待，也必定先反省自己本身，自问，我是否做到仁的境界？是否欠缺礼？否则别人为何如此对待我呢？等到自我反省的结果合乎仁也合乎礼了，而对方强横的态度却仍然不改，那么，君子又必须反问自己：我一定还有不够真诚的地方。再反省的结果是自己没有不够真诚的地方，而对方强横的态度依然故我，君子这时才感慨地说：'他不过是个荒诞的人罢了。这种人和禽兽又有何差别呢？对于禽兽根本不需要斤斤计较。'"

　　事实上，按照一般常情，任何人都不会把过去的记忆像流水一般抛掉。就某些方面而言，人们有时会对有的事件执念很深，甚至会终生不忘。当然，这仍然属于正常之举。谁都知道，怨恨会随时随地有所回报。因此，为了避免招致别人的怨愤，或者少得罪人，一个人行事需小心在意。《老子》中据此提出了"报怨以德"的思想。孔子也曾提出类似的话来教育弟子："以直报怨，以德报德。"其含义均是叫人处事时心胸要豁达，以君子般的坦然姿态应付一切。

把伤害留给自己，才能赢得一个温馨的世界

　　每个人都会犯错，包括自己，可是我们往往能很快原谅自己，却无法原谅别人。这种原谅自己却不原谅别人的行为是软弱的表现，因为你只敢面对自己的过错，却无法面对别人的。每个人都有犯错的时候，有的错误还是无意间造成的，是无心的。如果换个角度想想，你是那个犯错的人，是不是希望你"得罪"的那个人能原谅你？如果对方原谅你，你的心情又是怎样的？对人要有宽容之心，有的时候对方的做法可能不是有心的，是无意的冲动行为。知道他不是有心的，就不要把这件事再放在心里，而应该忘了它。

　　一次战争中，两只军队在森林中相遇，一番激战过后，两名士兵与所在部队失去了联系，而且他们还是来自同一城市的老乡。

　　二人在大森林中迷失了方向，他们艰难地走着，不断地互相鼓励、互相安慰。七八天过去了，他们仍未走出森林，找到部队。这一天，二人猎获了一只大鹿，靠着这份保障，他们又苦熬过了数日。或许是战争的烟火惊扰了森林中的动物们，使它们逃向了别处，此后二人再没猎获过任何大型的动物，只能以一些松鼠、鸟雀充饥。

　　破船更遇打头风，这一天，二人再次与敌人相遇，一阵交锋过后，

他们巧妙地避开了敌人的追击，但是——子弹已然所剩无几，每人身上也只剩下了一些鹿肉。就在他们自以为已经安全时，突然"砰"的一声，走在前面的士兵中弹倒地。索幸"敌人"的枪法不准，这一枪打在了肩头上！后面的士兵慌忙跑上前去，他的身子在发抖，他语无伦次，抱着战友痛哭不已。随后，他颤抖着为战友取出子弹，并将自己的军装撕碎，帮他包好伤口。

当晚，未受伤的士兵发起了高烧，迷迷糊糊中他一直喊着自己母亲的名字。这时，二人都以为自己将命丧于此，他们甚至不相信自己能熬过这一夜，但尽管这样，他们谁也没有去吃自己身上的鹿肉。第二天，部队找到了他们……

40年后，已入古稀之年的老士兵坦言："我知道当时是谁向我开的那一枪，他就是与我共患难的战友！当他抱住我时，我感到了枪管的灼热。我无论如何也想不明白，他为什么要打出这一枪。但事实上，当晚我就原谅了他，因为我听到他在大叫自己母亲的名字。我恍然大悟，他是想要我身上的鹿肉，他是想为自己的母亲活下来，这难道不值得原谅吗？此后30年，我一直装作一无所知。可惜的是，他母亲还是没有等到他回来便离世了。那天，我们一起去祭拜老人家，他在墓前跪了下来，要我宽恕他，我打断了他的话，没有让他继续说下去，这样我们又做了十年的朋友。"

即使一个非常宽容的人，也往往很难容忍别人对自己的恶意诽谤和致命的伤害，但唯有以德报怨，把伤害留给自己，才能赢得一个充满温馨的世界。

面对那些无意的伤害，宽容对方会让对方觉得你心胸的博大，可以消除无心人对你造成伤害后的紧张，可以很快愈合你们之间不愉快的创伤。而面对那些故意的伤害，你博大的心胸会让对方无地自容，因为宽容对方则体现出的是一种境界。宽容是对怀有恶意者最有效的回击，不管别人有意还是无意伤害了你，其实他的内心也会感到不安和内疚，或许是因为碍于所谓的"面子"而不肯认错，而你的宽容就会使彼此获得更多的理解、认同和信任。自己也有犯错的时候，并会因为犯错觉得担心，不知所措，希望对方能原谅自己，同时也会对自己的缺点忐忑，不希望被别人看不起。所以就要站在对方的角度考虑，当自己遇到不原谅别人错误的人会怎么想。

事事计较是不会有什么结果的，已经发生了的事情不会有任何改变，也不能扭转任何已经发生了的事情。以宽容的态度待人，以理解作为基础，站在客观的角度给人评价，可以从别人身上学到自己所没有的长处和优点，也能使自己对对方的不足给予善意的充分理解。在日常生活中，时不时都会有如何要求别人的时候，还有如何对待自己的问题。能否把握好一个律己和待人的态度，不仅能充分反映出一个人的修养，还能培养与人之间的良好关系。

在一次为战功彪炳的将军举办的鸡尾酒会上，一位年轻的士兵被选出来，专门伺候将军。音乐响起，这位士兵开始斟酒，但因敬畏和过度的紧张，反而不小心把酒洒到了将军那光秃秃的头上。

一时，整个酒会上的气氛立刻僵住了，士兵更是不知所措，其他的军官忍不住发怒嘀咕："这个糟糕的家伙，明天肯定会被关禁闭。"

只见将军拿起餐巾，擦着秃头，笑着对大家说："各位！这位老弟实在用心，只是这种疗法，就可使我长出头发来吗？"

话一说完，全场爆笑，只有那个脸色发白的士兵，含着热泪，满怀感激，傻傻地注视着将军。

唯宽可以容人，唯厚可以载物；有容乃大，不容无物。几句风趣话，多少宽容心。这位将军的伟大，显然不是霸功，而是大度。

从某种意义上说，一个人能容下多少，他就能成就多大的事业。如果连一个人也不能容忍，那他也只能对影自怜、自娱自乐了，如果一个人有能够容纳天下的心，那就可以做事了。

婚姻生活的和谐，需要多一些检讨和担当

爱情的成功与否其实暗含着很多原因。我们要有付出的能力、理解的能力、宽容的能力和自我承担的能力。付出才能得到回报，理解和宽容才能营造爱情继续生长的环境，自我承担才不致使爱情成为萎靡不振的祸首。

在日常的生活中对对方多一些理解，在细节中给予对方更多的关心和体贴，不动辄揪住"鸡毛蒜皮"的小事不放，你会发现生活更美好了，家庭更和睦了。例如，妻子娘家来人，丈夫疏忽，忘了给客人沏茶。妻子大声呵斥起来："你这样不懂规矩，是不是看不起他们？你看不起他们，就是看不起我……"这时，丈夫决不能采取"以牙还牙"的顶撞态度，而应有"宰相肚里能撑船"的气量，暂且不去计较妻子的话说得难听或是否符合事实，而要多想妻子平时对自己的恩爱，过

后再找机会向妻子说明原因，并指出她在来人面前奚落丈夫是不对的，这样就可避免一场不愉快的"冲突"。

一次，夫妻二人决定坐下来好好谈谈。

妻子说："你有多久没有回家吃晚饭了？"

丈夫说："你有多久没有起床做早饭了？"

妻子说："你不回家陪我吃晚饭，我有多寂寞啊。"

丈夫说："你不给我做早饭吃，你知道上午工作时我多没有精神。上司已经批评我好几回了。"

"早饭你可以自己弄的啊，每天回来那么晚吵我睡觉，我怎么能起得来。你可以不回来陪我吃晚饭，我就可以不给你做早饭。"妻子不高兴地说。

"你知道我一天上班有多辛苦，压力有多大。一个晚饭，自己吃怎么了，难道你还是孩子，要我喂你不成？"丈夫也没有好气地说。

妻子抱怨说："你总是喝得烂醉而归，有多久没有给我买花，多久没有帮我做家务了？"

丈夫也不甘示弱地说："你知道你做的饭有多难吃，洗的衣服也不是很干净，花钱像流水，有多久没有去看我的父母了……"

就这样，夫妻二人你一句我一句地互不相让，最后竟翻出了结婚证要去离婚。

在去街道办事处的路上，他们遇见了一对老夫妇正相互搀扶慢慢走着，老妇人不时掏出手帕给老公公擦额头上的汗，老公公怕老妇人累，自己提着一大兜菜。这对年轻夫妇看到这个情景，想起了结婚时的誓言："执子之手，与子偕老。休戚与共，相互包容。"可是现在竟然……

于是他们开始互相检讨。丈夫说："亲爱的，我真的很想回家陪你吃饭，可是我实在工作太忙，常常应酬，并不是忽略你啊。"

妻子不好意思地说："老公，我也不对，不应该那么小气，你在外工作挣钱不容易，早上我不应该赖床不起的。"

"早饭我可以自己热，每天回家那么晚一定吵你睡不好觉，你应该多睡会儿的。"丈夫忙说，"刚才在家我不应该那么凶地和你说话，我知道自己身上有很多毛病……"

妻子也忙检讨自己……

就这样，这场离婚风波平息了。从这之后，夫妻俩变得互敬互爱，彼此宽容忍让，更多地为对方着想，恩恩爱爱。其实，导致婚姻失败、爱情终结的常常都不是什么大事，而是一些日常琐碎小事中的摩擦。

相互理解才能让彼此互相交流、融洽，相互理解才能让感情维系长久。埋怨只能让彼此疏远，让爱情更早地被葬送。但宽容也是有原则的，并不是一味地忍让，而是不要斤斤计较，付出就索取回报。要常常换位思考一下，不要把自己的想法强加于人，要给予对方解释的机会。

有时候婚姻的另一方，一不小心撒了谎，大可不必刻意去揭穿他，更不用和他拼命，就算你洞悉一切，你仍然可以傻傻地笑着说，我只是担心你。潜台词就是我知道，但我不打算计较。特别是有第三方在场的时候，你给他留足了面子，他一定会心存感激，感激你的包容和护佑，会把你当成同盟，当成分享秘密的另一方，这种唾手可得的甜蜜，何必推辞掉？

白头偕老不是一句空泛的誓言，而是融入我们每一天的生活细节里的行动。白头偕老不仅仅需要爱情的支撑，更需要彼此的理解和礼让，而这理解正体现在日常生活中。

要想维持一个家庭的幸福，除了忍还是忍

忍让是通向幸福的钥匙。家庭中的矛盾、分歧很少有原则性的分歧。这时能以"忍"字为先，装些糊涂，表示谦让，矛盾也就烟消云散了，不然的话，就会激化矛盾。其实，是咸是淡，好吃难吃，都不重要，重要的是人与人相处时那种和乐的气氛。

李太太做的满满一桌饭菜凉了又热，热了又凉，那可全都是李先生爱吃的。然而李先生早忘了今天是他们结婚五周年的纪念日，迟迟在外不归。

终于，李太太听到了钥匙的开门声，这时愤怒的李太太真想跳起来把李先生推出去。李先生的全部兴奋点都在今晚的足球赛上，那精彩的临门一脚仿佛是他射进的一般。李太太真想在李先生眉飞色舞的脸上打一拳，然而一个声音告诫她："别这样，亲爱的，再忍耐两分钟。"

两分钟以后的李太太，怒气不觉降了许多。"丈夫本来就是那种粗心大意的男人，况且这场球赛又是他盼望已久的。"她不停地安慰自己，尔后起身又把饭菜重新热了一遍，并斟上两杯红葡萄酒。兴奋依然的李先生惊喜地望着丰盛的饭桌："亲爱的，这是为什么？""因为今

天是我们的结婚纪念日。"

愣了片刻的李先生抱住李太太："宝贝，真对不起，今晚我不该去看球。"

李太太笑了，她暗自庆幸几分钟前自己压住了火气，没大发雷霆。

忍让，是家庭和谐幸福的一个必不可少的条件。多站在别人的角度想一想，比如，在家里谁说了几句不中听的话，你不妨想到，他可能为别的事心里不痛快，或许他对什么事误会了，或许他天生的直筒子脾气，沾火就爆，过后他会想到自己的不对的，或许是因为他年纪小、想事情不周全，等等。这样就理解了，宽恕了，容忍了，也就不会放到心里去。这才是真正的忍，忍了之后，自己的心里也是坦然的，宽阔的，清爽的，平静的。

试想，如果家庭成员之间因磕磕碰碰、丁丁点点的小事，不知忍让，不去克制，便针扎火爆地发脾气，耍野性，这个家庭还有什么和谐幸福可言呢？我们每个家庭当中，夫妻吵架，都是因为这些提不起来的事引起的。你细细想一下，是不是应该像李太太那样忍耐两分钟呢？

家，是人生的安乐窝；家，是人生的避风港。一个家庭要想"家和万事兴"，家庭里的成员必须要能相互了解、相互体谅、相互尊重、相互包容。忍让，能让家庭和睦；忍让，使全家相安无事。虽然学会忍让不是一件简单的事，但我们还是要忍让，因为忍让能为我们带来意想不到的收获。

不要冷战，那是最伤感情的沟通方式

当今社会许多人追求独立，这本无可非议，而且应该大力提倡。一些人把这种独立看成绝对的独立、自由，不允许任何人干涉，一旦别人触及他的某一领域的利益，他往往做出强烈的反应。比如在经济上，独立固然是好的，但独立并不等于说夫妻二人各挣各的钱，各用各的钱，严格划分二人之间的界限，绝不允许对方侵犯一点自己的经济利益。这样的两个人，虽名义上是夫妻，实质在情感上往往形同陌路，非常淡漠。

有这样一对夫妻，丈夫在政府部门上班，妻子是一家国有工厂的工人。丈夫业余时间喜欢动动笔杆子写点东西，或捧着一本书读得津津有味；妻子漂亮热情，业余时间喜欢去舞厅跳跳舞。

起初，丈夫硬着头皮陪妻子去舞厅，但那种灯红酒绿的生活令他眩晕。他怀着厌烦的情绪劝导妻子不要再去那种地方，妻子却反驳道："如果我不让你看书，不让你写作，你愿意吗？"

丈夫哑口无言。妻子带着胜利的微笑轻松地哼着小曲走了，房间里只留下妻子身上那种醉人的香水味道。丈夫愣愣地坐在沙发上，一支接一支地吸着香烟。他觉得妻子的理由是靠不住的，读书写字，乃文人雅趣，格调高雅，陶冶人的情操。幽暗放荡的舞厅，三教九流的闲人，有很多是穷得只剩下光棍一人，在那里一起疯狂地摇摆，哪能与读书吟诗的雅事相提并论。

以前，家里的"财政大权"无须商量，自然牢牢地掌握在妻子手中，丈夫在劝妻子戒舞失败后，决心"冻结"妻子的经济来源。起初，他不再将自己的工资交给妻子，认为妻子微薄的工资一定供不起她每日去舞厅，经常换舞鞋以及购买高档化妆品，结果他发现妻子几乎把自己的工资全部花在了跳舞上。妻子每天玩得高高兴兴，回到家中嘴里还哼着轻快的舞曲，于是，他只好另想办法。

他首先从妻子的屋中搬了出来，每日和妻子"横眉冷对"，接着，又将一切家务一分为二，列出清单放到妻子的床头。饭自然由妻子来做，衣自然由妻子来洗，孩子自然由妻子来照顾，哪怕妻子由于工作忙而没时间洗碗，他也绝不动一指头。因为那是"和约"上写明的，各司其职，绝不互相干涉。帮忙，岂不也是"干涉"的一种？至于经济上，他不但自己的钱分文不交妻子，甚至到妻子的单位，利用他的"领导"身份，将妻子的工资事先领走。妻子找他理论，他却也振振有词："以前家中财政大权由你掌握，我说过什么吗？现在由我来管，有什么不可以？"妻子竟也无言以对。

于是，妻子也采取"冷战"政策，丈夫的衣服不洗，丈夫的饭不做，丈夫的东西全被扔到"丈夫的房间"里，孩子，每人带一天，谁也不肯让步。总之，整个家似乎被分成了互不相融的两部分。

最后，妻子干脆辞掉了厂里的工作，自己去租了一组柜台卖服装。由于眼光敏锐，有胆有识，竟然干得有声有色，不久便自己开了一家时装店，办起了公司，财源滚滚而来，远非她昔日那点工资可比。"家"的名存实亡，在她的心中留下了很浓的阴影，她决定提出离婚。丈夫起初不同意，并以孩子可怜为由，试图留住妻子，但妻子去意已坚，不可动摇。

"我们现在这样生活与离了婚有什么两样？不同吃，不同住，互不干涉'内政'、'外交'，我们跟两个没有任何关系的人有什么区别？缺的只是那一纸离婚证书。"丈夫冷静地想了又想，觉得妻子说的确实有道理，便同意离婚，一个原本很温馨很美满的小家庭就这样解散了。

由意见分歧互不相让，到"各自为政，互不干涉"，这个家庭由"名存实亡"走向了真正的破裂，这里面的教训不得不引起我们的思考与重视。假如丈夫与妻子中有一方稍做妥协，"糊涂"一点，不采取那种将家庭一分为二的分庭抗礼的措施来冷淡对方，而是以"润物细无声"的春雨似的柔情去感化对方，那么必将会出现另一种结果。

其实，把配偶看作自己的私有财产，干涉对方的社交活动和限制对方的行动，是十分愚蠢之举。

聪明人，三分流水二分尘，不会把所有的事探究个一清二楚，就算你天生有一双火眼金睛，世事洞明，到头来伤了的不仅仅是眼睛，还会连累婚姻，只要把握住婚姻生活的大方向，不偏离正常的轨道，不偏离道德的航线，有些鸡毛蒜皮的小事还是不要过于计较为好。

彼此糊涂一点，婆媳关系才会更好一点

婆媳关系是家庭中最难处理的关系，婆媳矛盾则是一个令清官也为之发愁的难题。在婆媳矛盾的背后，隐伏着母子之爱和夫妻之爱的竞争，这种竞争往往是无意识的竞争，事实上却是婆媳矛盾激化的一个很重要的因素。

　　父母为了把子女抚育成人，付出了大量的心血，倾注了大量的爱。一般说来，到成家之前，儿子总是把母亲视为自己最亲的亲人。但是，一旦儿子结了婚，组建了自己的家庭，开始感受到夫妻之爱，这时，母子之爱便自然而然地降至次要的地位，儿子新家庭的利益不可避免地放到了他原来家庭的利益之前；而且，儿子在生活中遇到了什么问题，首先关心他的总是媳妇，而儿子也总是把生活中的酸甜苦辣更多地、更主动地向媳妇倾吐，把媳妇视为"第一参谋"。这时，做母亲的便会感到感情上受到了冷落，加上儿子成家以后同自己的接触较以前大为减少，做母亲的如果不体谅，便会埋怨儿子"娶了媳妇忘了娘"，而把一肚子的怨气一股脑儿全倾泻在媳妇身上。因此，做母亲的要有"宰相肚里能撑船"的气度，看到儿子和媳妇相亲相爱，齐心持家，应该为之感到高兴，切不可妄生被冷落之感和疑忌之心。

　　张丽丽在一次和婆婆发生冲突以后，跑到表妹宋女士家诉苦。当时，宋女士正好有篇稿子要写，无暇陪她。张丽丽就和宋女士的婆婆闲聊起来。

　　张丽丽无奈地说，她婆婆不讲卫生，做菜无味，整天唠叨，让人生厌。宋女士的婆婆打断了她的话："你该向这个'糊涂'妹妹学学，她不嫌我这个乡下老太婆，我在这里一住就是几年。我炒的菜明明盐放多了，可她还说好吃！前天刚给我100元零花钱，今天早上又问我还有没有零钱用。"

　　宋女士的婆婆一边说，一边呵呵笑起来……

　　午饭后，宋女士打开洗衣机准备洗衣裳，却找不到早晨刚刚换下的衣服。"妈，看见我的衣裳了吗？"

宋女士的婆婆却一拍脑门，笑着说："瞧我这老糊涂，刚才一不留神把你的衣服给洗了。"

张丽丽看着表妹婆媳之间融洽的样子，愣了一下神，好像若有所悟地点点头。当晚，张丽丽深情地告诉宋女士："以前我总羡慕你有个好婆婆，现在终于明白了，你们之间的糊涂可真难得啊！不计较小是小非，什么事都好办了！我以后真得好好向你学习。"

此后，张丽丽也当起了"糊涂"媳妇。令人欣慰的是，不久以后，她婆婆也被"传染"了，也跟她一起"糊涂"起来。以后，他们家再也看不见"硝烟"了。

自古以来婆媳相处一直就是家庭中的一大敏感问题，相处得来一切都好，要是相处得不好，婆媳过招100回的戏就会常在家中上演。不过，尽管婆媳矛盾是一个古今中外令许多家庭头痛的难题，但只要当事者本着互相信任、互相尊重、互相爱护、互相关心、互相宽容忍让的态度，加上家庭其他成员齐心协力促使其向良性的方面转化，婆婆与媳妇之间一定会产生出真诚的爱，一定能够和睦相处。

都说不是一家人，不进一家门，既然进了一家门，那就是百世修来的缘分。人生不过数十载，于老人而言，幸福的日子更是过一天少一天，婆媳之间何必争得面红耳赤，闹得鸡犬不宁，令你们的儿子或丈夫身居其中左右为难。做婆婆的，应老有持重，多装装糊涂，谅解儿媳的"不懂事"；做儿媳的，应本着尊老敬老的基本操守，能体谅的多体谅，能忍让的多忍让。这样，不但你们过得开心，你们的儿子或丈夫也少了很多为难之时，才能毫无后顾之忧地为这个家尽心尽力去奋斗。

第五辑
你力求完美，甚至苛刻，然而不过是一场镜花水月

　　每一个追求完美的人，在某种意义上说，都是一个可怜的人，因为等待他的永远只有失望。不要纯粹地追求完美，而是要用完美的眼光，去欣赏生命中的不完美。

生活是不会让一个人完全称心如意的

有个英俊聪明的小伙子，一心想找一个完美无缺的妻子。他找呀找，找了整整 40 年也没有找到。这个小伙子变成了一个老头儿，还在不停地寻找一个完美无缺的女人。

有人问他："老公公，这么多年来，你还没有找到一个称心如意的？"

老头儿说："找到过一个。"

"那你为啥不要她？"

"唉，那女人要找一个完美无缺的男人。"老头儿痛惜地说。

世上本没有完美，几千年前的古人即已对此有着极其清醒的认识，并且记录在案。《左传·宣公十五年》记载：民谣说：所谓高低之分，应该在于心中；河流和沼泽容纳着污泥，丛山和草丛隐藏着祸患，质地美好的玉石藏匿着瑕疵，国家君主有些缺点，这实在是大自然的规律。

在世人眼中，总有些人在我们的眼中看上去风光无限。在我们的眼里，是左看也完美，右看也完美，但是，事情的表象与实质往往是大相径庭，甚至是南辕北辙的。我们哪里清楚，风光无限的背后，也许暗中包含着无数的辛酸。所谓鱼与熊掌不能兼得，当一个人想在事业上取得成功，他就不得不付出相应的精力，也许，就会相对地冷淡了家庭，也许家庭就会因此笼上一层淡淡的阴云。总之，生活是不会让一个人完全称心如意的。

　　这是某杂志披露的真实故事：某广播电台的谈心栏目的节目主持人，以圆润的嗓音，丰富的人情味儿，富于哲理和诗意般的语言，叩开了无数听众的心扉，成为一代明星，青春偶像。可是有一天，当人们再次打开收音机时，听到的却是她自杀的消息。许多人对此十分惋惜，他们不禁要弄明白：是什么使这位前途光明的主持人走上了绝路？

　　她的事业是成功的。她从一个没有文凭、没有播音经验的播音员开始，最终成为一颗闪亮的明星，走过了艰难而辉煌的人生奋斗历程。她主持的栏目牵动了千万人的心。作为一个明星节目主持人，她从中体会到的欢乐几乎和烦恼相等。众口难调，节目制作要求越来越高，难度越来越大，她必须付出艰苦的劳动才能不辜负听众的热望。在享受听众给予的荣誉的同时，她也饱尝着身心的极度劳累之苦。她也是普通女人，也有事业的劳累、家庭的烦琐；她是公公、婆婆的儿媳妇，是父母的女儿，孝敬老人是天经地义的义务；她是丈夫的妻子，是孩子的母亲，做一个贤妻良母是她义不容辞的责任；她是单位领导的下属、同事的同事、听众的偶像，做好本职工作、处理好人际关系是她责无旁贷的职责。多重角色使她担负着沉重的担子，她有一种不胜负荷的沉重感，但是强烈的事业心使她不忍心敷衍自己的工作，所以在家庭和事业两者之间，她把更多的精力投入到了工作之中，这就无形之中使丈夫感到受了冷落。于是恩爱夫妻的感情开始淡化，终于有一天一个比她年轻的女人取代了自己在丈夫心目中的地位。

　　真诚的爱情受到亵渎，使她无法容忍，想要离婚，可是内心又非常矛盾和痛苦。她十分珍惜自己的家庭，希望丈夫回心转意，可是无论她怎样努力，一切都无济于事，而且公公、婆婆不但不指责儿子，反而强调是她对这个家庭关心得太少才导致这个局面的。父母除了陪她叹息之外，毫无办法。儿子太小还无法理解妈妈的痛苦。她是一个自尊心很强的女人，根本不愿意在外人的眼里留下一个失败者的印象。所以所有的痛苦她都闷在心里，在外总是给人一种风光无限的印象，终于有一天，她再也承受不住了，觉得从现实中得不到解脱了，最后，她选择了死亡。

她能解开众多听众心中的疙瘩，却无法解开自己的生活之结、感情之结。

生活中没有完美，生活中也不该追求完美。如果奢求完美，那也只能是水中月、镜中花般的遥不可及。我们生存在现实中，本就已经因为无数的重担压在肩头，而显得身心疲惫，难堪重负，我们又怎么可以因为空中楼阁式的寻觅给自己增加额外的负担？

求全责备的生活不会快乐

没有完美的世界，也没有完美的人生，有时候，目标与现实之间只差一点点而已。如果你抱着自己的完美理想不放手的话，就会招惹来无穷无尽的烦恼的纠缠，相反，在完美与不完美间寻找一个平衡点，你的生活将会快乐轻松很多。

　　有些人活着，就是以完美地过完自己的每一天为目标的。当他看到房间里沾上了一些灰尘时，会惊呼！赶快进行一次大扫除。当他看到自己的鼻子、嘴巴或是某个部位不如别人时，会大叫：我也要那张脸！于是不惜大动干戈让人拿刀子给自己画个大花脸。当他看到电视里插播的泡着花瓣的浴缸，会马上跑去买一个，他有洁癖，一天洗手若干次。他总是愿意让自己看上去永远一丝不苟，连头发也梳理得整齐些。他总是愿意别人说他："看！人家过得多细致！"他喜欢别人称赞他并且也自诩为："我是个完美主义者。"

　　事实上，完美主义唯一的好处在于有时你能获得比较好的结果，与此同时，在你努力取得完美时，你可能感到紧张、忙碌、不安，发觉很难放松。你很可能对人对己都吹毛求疵，因而损害了你的人际关系和心理健康，并有可能使你害怕失败所带来的不完美境地，而拒绝发起向生活的挑战，最终成为一个生活上的彻底失败者。

　　作为一名完美主义者，如果你未能达到某一目标就感到自己在那些方面彻底失败了，因而深深地自责和痛苦。无论你做得再多再好也不会令自己满意，而是不断地追求更高的目标。尽管这些在他人看来已经十分了不起，你也可能会对自己有更苛刻的要求，害怕暴露自己的缺点，只想将自己令人叹为观止的完美无缺的一面呈现在大众面前。这种心理一旦控制你久了，便会给你的精神和身体带来严重的影响，那可能是病态的。

　　有时候人们会被这种在生活中或是工作中吹毛求疵、追求完美的压力所蒙蔽，认为只有做得"更好"些才会使自己更加幸福，其实，大可不必，有时候你的缺陷也是一笔可观的人生财富。

约翰原本是新墨西哥州高原上经营果园的果农，每年他都把成箱的苹果以邮递的方式零售给顾客。

一年冬天，新墨西哥州高原下了一场罕见的大冰雹，砸得一个个原本色泽鲜艳的大苹果疤痕累累，约翰心痛极了。"完了，这下全完了！我将失去所有的顾客和收入了！"他越想越懊恼，就坐在地上抓起受伤的苹果拼命地咬起来。忽然，他的动作停顿了，他发觉这苹果比以往的更甜、更脆，汁多、味更美，但外表的确难看。

第二天，他把苹果装好箱，并在每一个箱子里附上一张纸条，上面这样写着："这次奉上的苹果，表皮上虽然有些难看，但请不要介意，那是冰雹造成的伤痕，是真正的高原上生产的证据。在高原，气温往往骤降带来坏天气，但也因此苹果的肉质较平时结实，而且还产生了一种风味独特的果糖。"

在好奇心的驱使下，顾客都迫不及待地拿起苹果，想尝尝味道："嗯，好极了！高原苹果的味道原来是这样的！"顾客们交口称赞。

这批长相丑陋的苹果挽救了几乎赔掉一切的约翰，而且还以它"特殊"的标志性的模样而广开销路，大受顾客好评。约翰也因此大获成功。

其实，生活中尽善尽美的事情真是少得可怜，它们大多有着这样那样的缺陷，让我们感到深深的遗憾。面对缺陷，我们不可一味气馁、气愤，更不要自卑、悲观，将缺陷与它本身的优势或独特之处联系起来，事情就不会如你所想的那么失败了，还有可能的是，它还会成为你人生走向成功的重要力量。

在我们的成长过程中，我们逐渐养成了这样的信念：我们应该自始至终努力让生活变得尽善尽美。不幸的是，你的期望越高，失望往往也越大。由于对自己的要求过高，给自己施加了过多的压力，就会束缚住自己的手脚，迫使你最终放弃了努力，以致一无所成，或者最终崩溃掉。相反，如果你降低了对自己的要求，不再对自己提出过高的期望，你的心情反而会因为解脱而舒畅开心起来，会觉得自己更有创造力，更可以轻松上阵了。正如莎士比亚说过的那样："最理想的境地总是不可到达的，但是人们往往不知道应该退而求其次。"结果，你只能碰得头破血流。因此，完美主义不是一种你应给予强化的心态，而是一种你应给予弱化的心态。

在生活中，事事追求完美可不是什么值得称赞的做法。你努力的方向应该是让自己充满才干、独一无二，而不是做什么都有两下子却始终是咣咣当当的半瓶子的醋。要记住，虽然你缺点很多，也相当不完美，但因为你是你而不是别人，这点就会让你变得独特和稀有起来。就像那个长相并不好看的苹果，其实还是相当内秀相当有内容的呢！卢梭说："大自然塑造了我，然后把模子打碎了。"但是，有太多人违背自我，以别人眼中的"完美"作为自己的目标和追求对象，所以，肯定活得很累。对于生活，大可不必如此，只要保持正常状态，拥有一颗知足的平常心，你将轻松许多。而且，接受多数人身上都存在的缺点，你的生活一定能或多或少地得到改观。同样，对自己也尽量宽容一些，学会欣赏自己的不完美才会构建属于自己的生活和天空！那么，从现在开始，学会接受自我，找寻不完美的美丽所在吧。

拥有花，就去深嗅花的芬芳

你是否还在看轻你的所有呢？因为拥有你才不珍视，总觉美好的东西在别处，放弃这种想法吧！你所拥有的就是世界上最好的东西。

所以，拥有花，就去深嗅花的芬芳，拥有草，就去欣赏草的青绿，怀有一颗淡泊之心品尝已有果实的美味，才能获得真实的快乐。生命，这样就好。

有一个青年很不快乐，终日郁郁寡欢。一天，他去拜见一位智者以讨求快乐良方。智者说，只有世界上你认为最好的东西才能使你快乐。于是他决定去寻找世界上最好的东西。

他收拾行装，辞别妻儿老小，踏上了漫漫旅途。

第一天，他遇见了一位政客，他问："先生，您知道世界上最好的东西是什么吗？"政客立刻回答说："世界上最好的东西嘛，是至高无上的权力。"他想了想，觉得权力对自己并没有多大的诱惑力，于是他又去寻找。

第二天，他遇到了一个在墙角晒太阳的乞丐，他问："你知道世界上最好的东西是什么吗？"乞丐眯着眼睛，懒洋洋地说："最好的东西？就是色香味俱全的美味佳肴呀。"他想了想，自己对食物并没有太多的渴望，所以也不认为那是世界上最好的东西。

第三天，他遇见了一个漂亮的女人，他问："你知道世上最好的东西是什么吗？"女人兴高采烈地脱口而出："当然是法国巴黎高档而漂亮的时装了！"他觉得自己对时装也不感兴趣。

第四天，他遇见了一位重病的人，他问："你知道世界上最好的东西是什么吗？"病人怏怏地说："那还用问吗？是健康的体魄。"这个人想，健康怎么会是最好的东西呢？我拥有它，但是我不认为它就是世界上最好的东西。

第五天，他遇见了一个在阳光下玩耍的儿童，他问："你知道世界上最好的东西是什么吗？"

儿童天真地说："是好多好多的玩具！弹子啊什么的。"这个人摇了摇头，继续去寻找世界上最好的东西。

接着他又先后遇到了一个老妇人，一个商人，一个囚犯，一个母亲和一个年轻的小伙子。

老妇人告诉他："年轻是世界上最好的东西。"

商人说："利润是世界上最好的东西。"

囚犯说："自由自在是世界上最好的东西。"

母亲说："我的宝贝孩子是世上最好的东西。"

年轻的小伙子说："我爱过一个姑娘，她的甜蜜的吻是世上最好的东西。"

可是，没有一个回答令他满意。

他继续走啊走啊。最后，他穿过川流不息、熙熙攘攘的人群，带着五花八门的"答案"又回到了智者那里。

智者见他回来了，似乎知道了他的遭遇和失望，于是微笑着说："先不要去追究你的问题，它永远不会有一个确切而唯一的答案。你现在考虑这样一个问题——把你最喜欢的东西找出来，告诉我。"

这个人经过长途跋涉，已是饥寒交迫、满面灰尘。他想了一会儿，对智者说："我出门很多天了，我想念我亲爱的妻子和可爱的孩子，想念一家人冬夜里围着火炉谈笑聊天的情景……"说到这里，他不由得感叹，"那是我现在最喜欢的东西啊！"

智者拍了拍他的肩，说："回去吧！你最好的东西在你的家里，它们可以使你快乐起来。"

这个人不甘心，疑惑地问："可我就是从那里走出来的啊？！"

智者笑了，说："你出来之前，不知道自己喜欢什么东西；但你出来之后——比如现在，你已经知道了自己喜欢什么样的东西了。"

无论如何，不要让自己的心灵被已失去的或得不到的东西所左右，那只会让你越来越疲惫，而且在追逐过程中你反而会失去现在所拥有的一些东西，还是珍惜眼前实实在在的生活和你所拥有的一切吧！

看得惯残破，是生命的成熟

事物发展总是遵循着自身的规律，即便不够理想，也不会单纯因为人的意志发生改变。如果有谁试图使既定事物按照自己的要求发展变化，而不顾客观条件，那么一开始就已经注定了失败。所以必须认识到，有缺陷并不是一件坏事。

有位朋友一向喜欢玉石，那天，他去首饰店，看中了一块玉。付钱的时候，小贩又重复了一次："我卖你这玛瑙，再便宜不过了。"

他笑笑，没说话，小贩以为他不信，又加上一句："真的，不过这么便宜也有个缘故，你猜为什么？"

"我知道，它有斑点。"他本来不想提的，被他一逼，只好说了，免得他一直啰唆。

"哎呀！原来你看出来了，玉石这种东西有斑点就差了，这串项链如果没有瑕疵，哇，那价钱就不得了啦！"

他买了项链，默默地走开了。

回到家里，他对父亲讲了事情的经过。

然后父亲对他说："这串玛瑙的斑痕的确让人一眼便可看到，但我们凭什么要说有斑点的东西不好？水晶里不是有一种叫'发晶'的种类吗？虎有纹、豹有斑，有谁嫌弃过它们的皮毛不够纯色？就算退一步说，把这斑纹算瑕疵，世间能把瑕疵如此坦然相告的人也不多吧？凡是可以坦然相见的缺点都不该算缺点的。所有的无瑕是一样的——因为全是百分之百的纯洁透明，但瑕疵斑点却面目各自不同，有的斑痕是藓苔数点，有的是沙岸逶迤，有的是孤云独去，更有的是铁索横江，玩味起来，反而令人欣然心喜。"

此时，他觉得那串玛瑙越发贵重起来。

其实生活中本无完美，也不需要完美。我们只有在鲜花凋零的缺憾里，才会更加珍视花朵盛开时的温馨美丽；只有在人生苦短的愁绪里，才会更加热爱生命拥抱真情；也只有在泥泞的人生道路上，才能留下我们生命坎坷的足印。

看得惯残破，也是一种历练，是一种豁达，是一种成熟。

不完美才是生活的真滋味，有时不完美的东西从另一个角度看，反而越发觉得它珍贵，那我们又何必苦苦求索不切实际的东西？当我们用挑剔的眼光去看待人生时，我们的潜意识已经非常不满了，我们的内心已然不能平静——一床凌乱的毯子、车身上一道划伤的痕迹、一次不理想的成绩、数公斤略显肥胖的脂肪……这些都能成为我们烦恼的原因，这表明我们的心思已经完全专注于外物，失去了自我存在的精神生活，我们不知不觉迷失了生活应该坚持的方向，被苛刻掩住了宽厚仁爱的本性……这种状态肯定不能让它持续下去，因为这会给我们以及我们身边的人带来很大的伤害。所以必须认识到，人这一辈子就是在得与失之间轮回，任何事都不可能尽善尽美，我们完全没有必要太过苛求，苛求自己，苛求身边的人和事。

诚然，没有人会满足于本可改善的不理想现状。不过，我们不提倡苛求完美，但并不是说我们不可以去向往，我们当然可以让自己做得更好：让孩子健康成长；让父母老有所依；让朋友放心托付；让自己问心无愧。幸福，不就是这么简单吗？

当你接受了自己的不足，这时才算接受了自我

正视缺陷，由此我们也将进入另一片风景胜区。

希尔·西尔弗斯坦在《失去的部件》一书中讲述了这样一个童话

故事，一个圆环失去了一部分，于是它旋转着去寻找这个部分。

　　因缺少这个部分，它只能非常缓慢地滚动，这样它就有机会欣赏沿途的鲜花，并可以与阳光对话，同蝴蝶吟唱，和地上的小虫聊天……这些都是它完整无缺、快速滚动时所无法注意、没能享受到的。

　　有一天，这个圆环终于找到了丢失的那个部分，它很高兴，又开始滚动起来。可是，因为完整，滚得太快，它失去了所有的朋友，不再能从容地赏花，也没有机会聊天，一切都变得稍纵即逝……这个圆环最后在一片草地上丢下了找到的那部分，又成为一个有缺陷但快乐的圆环。

　　我们每个人都不是完美无缺的，这是无可置疑的事实。如果我们脑海中完美意识过浓，就应该适当地削减些，放弃一些，以平和的心态去看待，将使我们及早地接受这一事实，并且及早地在此方向有所改观，我们也将及早在此受益，这是人生的真谛。

　　美国心理学家纳撒尼雨·布兰登举过一个他亲身经历的例子：许多年前，一位叫洛蕾丝的24岁的年轻妇女无意中读了他的一本书，找他进行心理治疗。洛蕾丝有一副天使般的面孔，可骂起街来却粗俗不堪，她曾吸毒、卖淫。

　　布兰登说，她做的一切都使我讨厌，可我又喜欢她，不仅因为她的外表相当漂亮，而且因为我确信在堕落的表象下她是个出色的人。起初，我用催眠术使她回忆她在初中是个什么样的女孩子。她当时很聪明，但是不敢表现自己，怕引起同学的忌妒。她在体育上比男孩强，招惹来一些人的讽刺挖苦，连她哥哥也怨恨她。我让她做真空练习，她哭泣着写了这样一段话：你信任我，你没有把我看成坏人！你使我感到痛苦，也感到了期望！你把我带到了真实的生活，我恨你！

　　一年半后，洛蕾丝考取洛杉矶大学学习写作，几年后成为一名记者，并结了婚。十年后的一天，我和她在大街上邂逅，我几乎认不出她了：衣着华丽，神态自若，生气勃勃，丝毫不见过去的创伤。寒暄后，她说："你是没有把我当成坏人看待的那个人，你把我看作一个特殊的人，也使我看到了这一点。那时我非常恨你！承认我是谁，我到底是什么人，这是我一生中从未遇到的事。人们常说承认自己的缺点是多么不容易的事，其实承认自己的美德更是难上加难。"

真正做到放弃完美，自我接受并不容易。因为自我肯定这个事实，你就必须真正保持清醒的头脑，勇敢地承认事实。面对完美主义者来说，承认自己的缺陷要比寻常人克服更多的心理障碍，需要更大的勇气来面对。

当你接受了自身不足，这时你才算接受自我，一个人最大的敌人不过自己。如果连自己都可以战胜，那还有什么困难不可以克服呢？如此一来，放弃完美，收获更美也就自然是水到渠成的事了。

珍惜你的身边人，爱得实际一点

生活中的男男女女都幻想着得到至真至纯的爱情，渴望着遇到完美的爱人，但结果却事与愿违。

长得帅的未必有钱，有钱的又未必专情，漂亮的未必贤惠，而贤淑的又未必漂亮……生活就是这样，鱼与熊掌不可兼得，爱情也一样，不可能完全达到你理想中的状态。过分追求完美，只会自己去堵死爱情的通道。

水瑶、丹丹、雪儿是好得不能再好的闺中密友，三人中水瑶长得最美，雪儿最有才华，只有丹丹各方面都平平。三个人虽说平时好得恨不能一个鼻孔出气，但是在择偶标准上，却产生了极大的分歧。水瑶觉得人生就应该追求美满，爱情就应该讲究浪漫，如果找不到一个能让自己觉得非常完美的爱人，那么情愿独身下去。雪儿则觉得婚姻是一辈子的大事，必须找一个能与自己志趣相投的男人才行。只有丹丹没有什么标准，她是个传统而又实际的人——对婚姻不抱不切实际的幻想，对男人不抱过高的要求，对人生不抱过于完美的奢望，她觉得两个人只要"对眼"，别的都不重要。

后来，丹丹遇到了陈军，陈军长相、才情都很一般，属于那种扎在人堆里就会被淹没的男人，但他们俩都是第一眼就看上了对方，而且彼此都是初恋的对象，于是两个人一路恋爱下去。对此水瑶和雪儿都予以强烈的反对，她们觉得像丹丹这样各方面都难以"出彩"的人，婚姻是她让自己人生辉煌的唯一机会，她不应该草率地对待这个机会。但是丹丹觉得没有人能够知道，漫长的岁月里，自己将会遇见谁，亦不知道谁终将是自己的最爱，只要感觉自己是在爱了，那么就不要放弃。于是丹丹 23 岁时与陈军结了婚，25 岁时做了妈妈。虽说她每天都过得很舒服、很幸福，但她还是成为了女友们同情的对象，水瑶摇头叹息：花样年华白掷了，可惜呀；雪儿扁着嘴说：为什么不找个更好的？

当年的少女被时光消耗成了三个半老徐娘，水瑶众里寻他千百度，无奈那人始终不在灯火阑珊处，只好让闭月羞花之貌空憔悴；而雪儿虽然如愿以偿，嫁给了与自己志趣一致的男士，但无奈两个人总是同在一个屋檐下，却如同两只刺猬般不停地用自己身上的刺去扎对方，遍体鳞伤后，不得不离婚，一旦离婚后，除了食物之外她找不到别的安慰，生生将自己昔日的窈窕变成了今日的肥硕，昔日的才女变成了今日的怨女；只有丹丹事业顺利，家庭和睦，到现在竟美丽晚成，时不时地与女儿一起冒充姐妹花"招摇过市"。

水瑶认为完美的爱人、浪漫的爱情能使婚姻充满激情、幸福、甜蜜，其实不然，完美的爱人根本就是水中月镜中花，你找一辈子都找不到，况且即使你找到了自己认为是最美满、最浪漫的爱情之后，一遇到现实的婚姻生活，浪漫的爱情立刻就会溃不成军，因为你喜欢的那个浪漫的人，进了围城之后就再也无法继续浪漫了，这样你会失望，失望到你以为他在欺骗你；而如果那个浪漫的人在围城里继续浪漫下去，那你就得把生活里所有不浪漫的事都担待下来，那样，你会愤怒，你以为是他把你的生活全盘颠覆了。

雪儿自视清高，把精神共鸣和情趣一致作为唯一的择偶条件，她期望组织一个精神生活充实、有较强支撑感的家庭，她希望夫妻之间不仅有共同的理想追求和生活情趣，而且有共同的思想和语言。可是事实证明她错了，她的错误并不在于对对方的学识和情趣提出较高的要求，而在于这种要求有时比较偏狭和单一。实际上，伴侣之间的情趣，并不一定限于相同层次或领域的交流，它的覆盖面是很广泛的，知识、感情、风度、性格、谈吐等都可以产生情趣，其中，情感和理解是两个重要部分。情感是理解的基础，而只有加深理解才能深化彼此间的情感，双方只要具备高度的悟性，生活情趣便会自然而生。

丹丹的爱也许有些傻气，但是恰恰是这种随遇而安的爱使她得到了他人难以企及的幸福。爱情中感觉的确很重要，感觉找对了，就不要考虑太多，不然，会错过好姻缘的。将来的一切其实都是不确定的，不确定的才是富于挑战的，等到确定了，人生可能也就缺少了不确定的精彩了。丹丹很庆幸自己及时把握了自己的感觉，青春的爱情无法承受一丝一毫的算计和心术，上天让丹丹和陈军相遇得很早，但幸福却并没有给他们太少。

那些像丹丹一样顺利地建立起家庭的女士，似乎都有一个共同的心理特征，即方圆而为，率性而立，她们敢于决断，不过分挑剔。爱情中的理想化色彩是十分宝贵的，但是理想近乎苛求，标准变成了模式，便容易脱离生活实际，显得虚幻缥缈。

现实生活中女人寻找的是"白马王子"，男人寻找的则是才貌双全的"人间尤物"，他们寄予爱情与婚姻太多的浪漫，这种过于理想化的憧憬，使许多人成了爱情与浪漫的俘虏。所以，奉劝那些尚未走进殿堂的男男女女，爱得实际一点，不要给予爱情太高的期望。

珍惜你身边的人，尽管他有着这样或那样的缺点，但他却是最爱你的人，和他在一起你会感到安全和快乐，也许，他不是最好的，但却是最适合你的那个。这，难道还不够吗？谁说残缺就不美？爱情不能完美，但爱情可以很美！

错过了美丽，收获的不一定是遗憾

生活中有一种痛苦叫错过。人生中一些极美、极珍贵的东西，常常与我们失之交臂，这总会让我们感到遗憾和痛苦。其实大可不必，喜欢一样东西未必非要得到它。

仔细想想，遗憾能给你留下什么？除了一种难以诉说的隐痛，似乎没有任何好处。所以，不要让自己总是怀有这种隐痛，佛法讲"万事随缘"，既然你与之无缘，那就随它自去吧！

有这样一个故事以警世人：

小孩在一处平静之地玩耍，这时来了一位智者，他给了小孩一块糖，于是，小孩非常高兴。

过了一会儿，智者看见小孩哭得很伤心，就问他为什么要哭，那小孩说："我把糖丢了。"

智者想："这小孩没糖时很平静，平白无故得到糖时很高兴，等到糖丢了时，便极度地伤心。那失去糖后，应与没得到糖时一样呀，又有什么伤心的呢！"

是啊！为什么要伤心呢？

岁月会把拥有变为失去，也会把失去变为拥有。你当年所拥有的，可能今天正在失去，当年未得到的，可能远不如今天你正拥有的。有时候错过正是今后拥有的起点，而有时拥有恰恰是今后失去的理由。

报纸上曾报道过这样一件事：

美国的哈佛大学要在中国招一名学生，这名学生的所有费用由美国政府全额提供。初试结束了，有 30 名学生成为候选人。

考试结束后的第十天，是面试的日子。30 名学生及其家长云集锦江饭店等待面试。当主考官劳伦斯·金出现在饭店的大厅时，一下子被大家围了起来，他们用流利的英语向他问候，有的甚至还迫不及待地向他做自我介绍。这时，只有一名学生，由于起身晚了一步，没来得及围上去，等他想接近主考官时，主考官的周围已经是水泄不通了，根本没有插空而入的可能。

于是他错过了接近主考官的大好机会，他觉得自己也许已经错过了机会，于是有些懊丧起来。正在这时，他看见一个外国女人有些落寞地站在大厅一角，目光茫然地望着窗外，他想：身在异国的她是不是遇到了什么麻烦，不知自己能不能帮上忙。于是他走过去，彬彬有礼地和她打招呼，然后向她做了自我介绍，最后他问道："夫人，您有什么需要我帮助的吗？"接下来两个人聊得非常投机。

后来这名学生被劳伦斯·金选中了，在 30 名候选人中，他的成绩并不是最好的，而且面试之前他错过了跟主考官套近乎、加深自己在主考官心目中印象的最佳机会，但是他却无心插柳柳成荫。原来，那位异国女子正是劳伦斯·金的夫人，这件事曾经引起很多人的震动：原来错过了美丽，收获的并不一定是遗憾，有时甚至可能是圆满。

人生要留一份从容给自己，这样就可以对不顺心的事，处之泰然；对名利得失，顺其自然。要知道世上所有的机遇并不都是为你而设的，人生总是有得有失，有成有败，生命之舟本来就是在得失之间浮沉！

美丽的机会人人珍惜，然而却并非我们都能抓住，错过了的美丽不一定就值得遗憾。

跋涉于生命之旅，我们的视野有限，如果不肯错过眼前的一些景色，那么可能错过的就是前方更迷人的景色，只有那些善于舍弃的人，才会欣赏到真正的美景。

有错过，才会有新的遇见，有些错过会诞生美丽，只要你的眼睛和心灵始终在寻找，幸福和快乐很快就会来到。只是有的时候，错过需要勇气，也需要智慧。

人生太有限，活得粗糙点

休息了两天，星期一上班，却见同事无精打采，一脸疲倦。问其何故，答曰：整理房间，清理柜橱，大清扫，洗衣服、被褥、床单、窗帘，擦门窗、桌柜、地板，两天没闲着，比上班还累。这同事家曾经去过，异常的干净，名副其实的一尘不染，简直可以和星级酒店媲美。

但正如某广告词所言，能够有一个五星级的家固然是好，可是要看看付出的代价是不是太大。有的人为了装饰一个值得自豪的家，省吃俭用，置办高档家什，有了星级的家，又得打扫除尘，天天忙个不停，这并不是一件合算的事。记得有一位名人曾经说过：并非所有的事情都值得全心全意去做。从这个意义上说：人，不如活得粗糙一点儿。家是休息的地方，相对舒适整洁一些就可以了。

活得粗糙点，就是多爱自己一点。家务活少干一点，朋友也不必多多益善。有时，朋友太多了并不见多了路，反而多了许多负担。世界太大了，想做的事太多了，可是人生太有限了，能做得过来吗？

一位留学生与同学在洛杉矶朋友路易斯家吃饭，分菜时，路易斯有些细节问题没有注意，客人倒没注意，而且即使发现也不会在意。可是主人的妻子竟毫不留情地当众指责他："路易斯，你是怎么搞的！难道这么简单的分菜，你就永远都学不会吗？"接着她又对众人说："没办法，他就是这样，做什么都糊里糊涂的。"

诚然，路易斯确实没有做好，但这……该留学生真佩服这位美国友人，竟然能与妻子相处十余年而没有离婚。在他看来，宁可舒舒服服地在北京街头吃肉夹馍，也不愿意一面听着妻子唠叨，一面吃鱼翅、龙虾。

不久以后，该留学生和妻子请几位朋友来家中吃饭。就在客人即将登门之时，妻子突然发现有两条餐巾的颜色无法与桌布相匹配，留学生急忙来到厨房，却发现那两条餐巾已经送去消毒了。这怎么办？客人马上就要到了，再去买显然已经来不及了，夫妻二人急得团团转。但该人转念一想："我为什么要让这个错误毁了一个美好的晚上呢？"于是，他决定将此事放下，好好享受这顿晚餐。

事实上他做到了，而且，根本就没有一个人注意到餐巾的不匹配问题。

狄士雷曾经说过："生命太短暂，无暇再顾及小事。"其实，我们根本没有必要把所有事情都放在心上，做人不妨糊涂一点，将那些无关紧要的烦恼抛到九霄云外，如此你会发现，生命中突然多了很多阳光。

乡村有一对清贫的老夫妇，有一天他们想把家中唯一值点钱的马拉到市场上去换点更有用的东西。老头牵着马去赶集了，他先与人换得一头母牛，又用母牛去换了一只羊，再用羊换来一只肥鹅，又把鹅换了母鸡，最后用母鸡换了别人的一口袋烂苹果。

在每次交换中，他都想给老伴一个惊喜。

当他扛着大袋子来到一家小酒店歇息时，遇上两个英国人。闲聊中他谈了自己赶集的经过，两个英国人听后哈哈大笑，说他回去准得挨老婆子一顿揍。老头子坚称绝对不会，英国人就用一袋金币打赌，二人于是一起回到老头子家中。

老太婆见老头子回来了，非常高兴，她兴奋地听着老头子讲赶集的经过。每听老头子讲到用一种东西换了另一种东西时，她都充满了对老头的钦佩。

她嘴里不时地说着："哦，我们有牛奶了！"

"羊奶也同样好喝。"

"哦，鹅毛多漂亮！"

"哦，我们有鸡蛋吃了！"

最后听到老头子背回一袋已经开始腐烂的苹果时，她同样不愠不恼，大声说："我们今晚就可以吃到苹果馅饼了！"

结果，英国人输掉了一袋金币。

不要为失去的一匹马而惋惜或埋怨生活，既然有一袋烂苹果，就做一些苹果馅饼好了，这样生活才能妙趣横生、和美幸福，而且，你才有可能获得意外的收获。

人常说难得糊涂，在细枝末节上粗糙点，留着精力、留着体力去做真正有意义的事情，你的人生岂不是更有价值？

第六辑
生活给你的，并不少；只是你想要的，实在多

　　人生不过是一张清单，你要的，你不要的，计算得太清楚的人通常聪明无比，但，换来的却是烦恼无数和辛苦一场。幸福并非拥有得多，而是奢求得少。

一个人的欲望越多，他所受到的限制就越大

人，饥而欲食，渴而欲饮，寒而欲衣，劳而欲息。幸福与人的基本生存需要是不可分离的。人们在现实中感受或意识到的幸福，通常表现为自身需要的满足状态。人的生存和发展的需要得到了满足，便会产生内在的幸福感。幸福感是一种心满意足的状态，植根于人的需求对象的土壤里。

然而，很多人都是希望自己拥有的再多一些，从来没有满足的时候。物欲太盛造成的灵魂变态就是永不知足，没有家产想家产，有了家产想当官，当了小官想大官，当了大官想成仙……精神上永无宁静，永无快乐。

一个人的欲望越多，他所受到的限制就越大，一个人的欲望越少，他就会越自由、越幸福。

有一个卖服装的商人，他有很多钱，但却终日愁眉不展，睡不好觉。细心的妻子对丈夫的郁闷看在眼里，急在心上，她不忍丈夫这样被烦恼折磨，就建议他去找心理医生看看，于是他前往医院去看心理医生。

医生见他双眼布满血丝，便问他："怎么了，是不是受失眠所苦？"服装商人说："是呀，真叫人痛苦不堪。"心理医生开导他说："别急，这不是什么大毛病！你回去后如果睡不着就数数绵羊吧！"服装商人道谢后离去了。

一个星期之后，他又出现在心理医生的诊室里，他双眼又红又肿，精神更加颓丧了。心理医生复诊时非常吃惊地说："你是照我的话去做的吗？"服装商人委屈地回答说："当然是啊！还数到三万多只呢！"心理医生又问："数了这么多，难道还没有一点睡意？"服装商人答："本来是困极了，但一想到三万多只绵羊有多少毛呀，不剪岂不可惜？"心理医生于是说："那剪完不就可以睡了？"服装商人叹了口气说："但头疼的问题又来了，这三万只羊的羊毛所制成的毛衣，现在要去哪儿找买主呀？一想到这儿，我就睡不着了！"

这个服装商人就是生活中高压人群的真实写照，他们被种种欲望驱赶着跑来跑去，疲乏至极，每天睁开眼睛想到的是金钱，闭上眼睛又谋划着权力，日复一日，年复一年。这样的人怎么会享受到幸福呢？

有些欲望是自然而必要的，有些欲望是非自然而不必要的，前者包括面包和水，后者就是指权势欲和金钱欲等，人不可能抛弃名利，完全满足于清淡生活，但对那些不必要的欲望，至少应当有所节制。

想要的太多，往往得到的就很少

A姑娘问闺密："为什么我一直感觉不到快乐呢？你看，研也上了，如意郎君也找到了，爸妈身体也很健康。为什么我总是觉得缺点什么呢？"

闺密问："你现在是不是觉得钱再多一点就好了？"

答："是。"

又问："你们是不是经常在一起琢磨，以后要买套海景房，买辆敞篷跑车？"

答："是。"

再问："你是不是经常担心男朋友在外面拈花惹草，即使是很正常的异性接触，你也会心生醋意？"

还是答："是。"

闺密最后说："那么，等你们有了票子、车子、房子、孩子以后，还是感觉不到快乐。因为你们还想要更好的房子、车子，还是会担心对方有外遇，你们还希望孩子能考上名牌大学出人头地。人，永远不会知足。"

是的，人永远不会知足，也不该彻底知足，因为人生会停滞，但我们对欲望应该有所控制。

我们的生活就好像是一杯白开水，一开始，杯子里的水清澈透明，不仅没有颜色，而且没有味道，这对于任何人来说都是一样的，在接下来的时间里，我们就可以任意地加糖、加盐，只要你喜欢。于是，便有许多人无谓地往杯子里面添加各种作料，直到杯子里面的水已经溢了出来，然而最后，喝到嘴里的水却总是会带有一种苦涩的味道。

那时他还年轻，凡事都有可能，世界就在他的面前。

一个清晨，上帝来到他的身边："你有什么心愿吗？说出来，我都可以为你实现，你是我的宠儿。但要记住，你只能说一个。"

"可是，"他不甘心，"我有许多心愿啊。"

上帝摇头："世间美好的东西实在太多，但生命有限，没有人可以得到全部，有选择就要有放弃。来吧，慎重地选择，永不后悔。"

他惊讶："我会后悔吗？"

上帝说："这没人知道。选择爱情就要忍受情感的煎熬；选择智慧就意味着痛苦和寂寞；选择财富就有钱财带来的麻烦……这世上有太多的人在选择一条路以后，懊悔自己没有走另一条路。仔细想想，你这一生真正想要的到底是什么？"

他想了又想，所有的渴望都纷沓而至，在他的周围飞舞——哪一件是不能舍弃的呢？最后，他对上帝说："让我想想，让我再想想。"

上帝应允："但是要快一点啊，我的孩子。"

此后，他一直在不断地比较和权衡，他用生命中一半时间来列表，用另一半的时间来撕毁这张表，因为他总发现自己有所遗漏。

一天又一天，一年又一年，他不再年轻，他老了、更老了。上帝又来到他的面前："我的孩子，你还没有决定心愿吗？可你的生命只剩下五分钟了。"

"什么？"他惊叫道，"这么多年，我没有享受过爱情的快乐，没有积累过财富，没有得到过智慧，我想要的一切都没有得到。上帝啊，你怎么能在这个时候带走我的生命呢？"

五分钟后，无论他怎么痛哭求情，上帝还是满脸无奈地带走了他。

在世上有很多人，他们的一生都是在思索、选择中度过，而不是确切地去执行某一个选择。人生无处不是在选择，既然无法拥有一切，那就会有取有舍；若要贪全，恐怕最后只能是一无所得。

其实就算是你可以拥有整个世界，你一天也不过是吃三餐。这就是人生思索之后的一种醒悟，谁懂得其中的含义，谁就会过得轻松、活得自在，知足常乐，睡得安稳，走路自然也就会踏实，回首往事也就不会存在遗憾了。

所以，不论是喜欢一样东西也好，或者是喜欢一个位置也好，与其让自己负累，倒不如轻松去面对，无论是放弃或者是离开，都会让你学会平静。人生是非常短暂的，我们纵然身在陋巷，也应享受每一刻美好的时光。

既然得不到，索性不去要

"你知道蚂蚁的幸福是什么？""知道，胃口小，不贪婪。我们知足，别人吃一碗都不饱，我们有一粒儿就乐半年。"这就是钱小样的幸福观。这个背着米老鼠背包，梳着两条发辫的钱小样在荧屏上飞扬洒脱，感动了无数的人。是啊，知足者常乐，知足者才能够体会到当下的幸福。在这短暂的生命里，何必为了追求一些得不到的东西，而舍弃当下的幸福呢？西班牙和美国心理学家在 1992 年巴塞罗那奥运会田径比赛场上，用摄像机拍摄了 20 名银牌获得者和 15 名铜牌获得者的情绪反应。心理学家们研究发现，在冲刺之后和在颁奖台上，第三名看上去反而比第二名更高兴。

研究人员对这一现象进行了分析，最后得出的结论是：因为铜牌获得者通常对自己的期望值并不是很高，获得铜牌也许就是他为自己制定的目标，也许是他根本没有期望获得多么好的成绩，不管怎样都是一个惊喜，所以已经很高兴了；而银牌获得者的目标通常可能就是金牌，没有夺冠当然就会觉得多少有一些遗憾，有一点难过。

而事实也正是如此，每当记者在领奖之后采访获奖运动员的时候，许多亚军几乎都会说，本来有希望成为冠军的，但是季军获得者却会因为自己已经闯入了前三名而感到很知足。其实，我们每个人都应该懂得知足，为了给自己正确定位目标，才能够成为主宰自己情绪的人。你站在什么位置上看问题，决定了你的人生态度。不要为自己不能够实现的愿望而灰心，甚至丧失了坚持的勇气。循序渐进地看问题，没有什么能够成为阻挡你快乐成功的绊脚石。

所以，我们不要去追求那些得不到的东西，不要制定一些不符合实际情况的目标。如果你的成绩不及格，那么请先把目标定到及格上，而不是满分。只有懂得知足才能够享受到当下生活的乐趣。

学会知足，这是对人性的修炼。学会它，人生的道路上就会充满阳光，什么时候都生活在温暖中，惬意将是整个人生的主要背景，而人生就是一曲欢快、热情而奔放的交响乐。

珍惜自己拥有的，懂得知足，我们才能够快乐。如果一辈子只是不停地追求那些得不到的东西，那么我们就会丢失当下的美好。

知足能够带给我们一种欢畅、一种轻松，同时也是一种快乐的享受。这种享受就在你的身边，只要你愿意伸出手去，你就能够拥有它。从现在开始，请忘记那些你得不到的东西，珍惜你的拥有，享受知足者的快乐吧！

不要为物所役，成为欲望的奴隶

人人都有喜好，但过分痴迷于某一事物则不可取，不能让诱惑自己的东西太杂太多，因为它往往会成为对手击败你的契机。

托尔斯泰曾说过："欲望越小，人生就越幸福。"这话蕴含着深刻的人生哲理。它是针对欲望越大人越贪婪，越易致祸而言的。"身外物，不奢恋"，这是思悟后的清醒。谁能做到这一点，谁就会活得轻松，过得自在。

其实，每个人心中都应有一把锁，锁住一切贪欲和私念，这样在我们的人生旅途中，才会光明磊落。一旦随意打开它，那我们还有什么可以锁住？放下心中的锁，你就为自己的心灵打开了一片广阔的天空。

明末清初有一本叫作《解人颐》的书，书中对"欲望"有一段入木三分的描述：

终日奔波只为饥，方才一饱便思衣。

衣食两般皆俱足，又想娇容美貌妻。

娶得娇妻生下子，恨无田地少根基。

买到田园多广阔，出入无船少马骑。

槽头扣了骡和马，叹无官职被人欺。

当了县丞嫌官小，又要朝中挂紫衣。

若要世人心里足，除是南柯一梦西。

由此可见，"人心不足蛇吞象"不是一句空言。做人如果控制不了自己的欲望，就要成为欲望的奴隶，最终要被欲望所淹没。

欲望，人皆有之。欲望本身并非都不好，但是欲望一旦无度，变成了贪欲，人也就变成了欲的奴隶。贪婪是灾祸的根源，过分的贪婪与吝啬，只会让人渐渐地失去信任、友谊、亲情等；物欲太盛造成灵魂变态，精神上永无快乐，永无宁静，只能给人生带来无限的烦恼和痛苦。

老将军横刀立马，运筹帷幄，屡破强敌，威名远播。他一生淡泊名利，却唯独对瓷器青睐有加，几近痴迷。敌国谋士探得老将军这一嗜好以后，计上心头，决定借此做些文章。

谋士千方百计透过第三方让老将军得知，不远处的一座寺庙，主持为修葺佛堂正在出售多年收藏的瓷器，且件件都是稀世珍品。老将军闻听此讯，立即丢下盔甲，兴冲冲地奔赴寺庙，结果自然是高兴而去，扫兴而归。更可气的是，就在老将军离开的这段时间，敌人乘机攻下了一座城池。

回城后，老将军愤怒不已，他出神地望着手中的一件瓷器，思索着城池陷落的前后。突然，瓷器自手中滑落，多亏老将军反应迅速，在落地之前牢牢将瓷器抓在手中，身上已然惊出了冷汗。老将军心想："我率领千军万马往来于敌阵之间，从未有过一丝惧怕，没想到一件小小的瓷器竟将我吓成这般模样。"想着想着，老将军扬起手，将瓷器狠狠地摔在了地上。

其实，老将军在砸碎瓷器的同时，也砸碎了自己的痴念。做人，若想掌控欲望，就必须要持有一颗平常心，在掌控住欲望的同时，也就意味着我们锁住了贪婪。

钱财身外物，生不带来，死不带去；得之正道，所得便可喜，用之正道，钱财便助人成就好事。如果做了守财奴，一点点小钱也看得如性命，甚至为了钱财忘了义理，为一得失不惜毁了容颜丢掉性命，那也就是为物所役，那"倒不如无此一物"了。所以前人说，人这一生可留意于物，但绝不可留恋于物，更不可为物所役，可见，锁住贪欲是非常必要的。

活得随意些，就能快乐些

成功是我们一生追求的目标，可是在人生的路上，衡量成功还是失败绝非只有结果这个唯一的标准，而且我们还应该考虑一下，我们盯着这个"成功"付出了怎样的代价，是得大于失，还是失大于得。

对成功的定义，应该说是仁者见仁，智者见智。有的人认为腰缠万贯才是成功，可是财富却往往与幸福无关。如果一个人在拼命追求金钱的过程中，忽略了亲情，失去了友谊，也放弃了对生命其他美好方面的享受，到最后即便成了亿万富翁，不也难以摆脱孤独和迷惘的纠缠吗？所以并非是金钱决定了我们的愿望和需求，而是我们的愿望和需求决定了金钱和地位对我们的意义。你比陶渊明富足一千倍又怎么样，你能得到他那份"采菊东篱下，悠然见南山"的怡然吗？

在美国新泽西州，有一位叫莫莉的著名兽医劝告人们向动物学习。她拿鸟做例子说："鸟懂得享受生命。即使最忙碌的鸟儿也会经常停在树枝上唱歌。当然，这可能是雄鸟在求偶或雌鸟在应和，不过，我相信它们大部分时间是为了生命的存在和活着的喜悦而欢唱。"

可是作为万物之灵长的人类，在对待生命的态度上却未必能有这种豁达，有的人穷其一生，都无法达到这样的境界。有的人认为，得到了金钱就得到了幸福，这是多么可笑的想法！可见，他们并不知道金钱和幸福是没有必然联系的。有了金钱，并不一定就会带来幸福，反而因为金钱而引发不幸的事例倒是比比皆是。

还有的人认为只有拥有了盛名，才意味着成功。殊不知，功名利禄不过是过眼烟云，生命的辉煌恰恰隐藏在平凡生活的点滴之中。也有的人认为权倾一时就是成功，更有的人认为出类拔萃才是成功，平庸就意味着失败，可是生活的真实却往往是有些人看起来不怎么样，活得确实挺来劲儿。哥伦比亚大学的政治学教授亚力克斯·迈克罗斯发现，那些脚踏实地、实事求是的人往往比那些好高骛远的人快乐得多。

其实谁也不至于活得一无是处，谁也不能活得了无遗憾。一个人不必太在乎自己的平凡，平凡可以使生命更加真实；一个人不必太在乎未来会如何，只要我们努力，未来一定不会让我们失望；一个人不必太在乎别人如何看自己，只要自己堂堂正正，别人一定会对我们尊重；一个人不必太在乎得失，人生本来就是在得失间徘徊往复的。

一个人要想生活得快乐，就要学会根据自己的实际情况来调整奋斗目标，适当压制心底的欲望。不要因为自己才质平庸而闷闷不乐，生活中，智慧与快乐并无联系，反倒是"聪明反被聪明误"、"傻人有傻福"的例子俯拾皆是。

很多人年轻的时候无忧无虑地生活，虽然没有钱，没有名，没有地位，但是他们真的很快乐，什么都不用想，只做自己喜欢做的事情。可是当他们开始追求人人向往的传说能带给他们幸福快乐的各种东西之后，却渐渐地发现自己不得不放弃那些他们喜欢做的事情了，而他们得到的却并没有给他们带来多少快乐，带来的反而是负担，压得他们无法追求别的东西，压得他们无法轻松地面对自己真正的梦想。这时他们往往会痛苦不堪地一遍一遍地问自己："为什么得到的都是我不想要的，而我想要的却总是得不到？"

有一位富翁来到一个美丽寂静的小岛上，见到当地的一位农民，就问道："你们一般在这里都做些什么呀？"

"我们在这里种田过活呀！"农民回答道。

富翁说："种田有什么意思呀？而且还那么辛苦！"

"那你来这里做什么？"农民反问道。

富翁回答："我来这里是为了欣赏风景，享受与大自然同在的感觉！我平时忙于赚钱，就是为了日后要过这样的生活。"

农民笑着说："数十年来，我们虽然没有赚很多钱，但是我们却一直都过着这样的日子啊！"

听了农民的话，这位富翁陷入了沉思。

人生是公平的，你要活得随意些，或许就只能活得平凡些；你要活得辉煌些，或许就只能活得痛苦些；你要活得长久些，或许就只能活得简单些。

其实，从某种意义上讲，人生中，一个男人最大的成就是有一个好妻子，一个女人最大的成功是有一个好孩子，一个孩子最大的成功是能心理和生理都健康地成长。这才是最踏实最快乐的成功诠释。

跳出忙碌的圈子，丢掉过高的期望

一些过高的期望其实并不能给你带来快乐，但却一直左右着我们的生活：拥有宽敞豪华的寓所；幸福的婚姻；让孩子享受最好的教育，成为最有出息的人；努力工作以争取更高的社会地位；能买高档商品，穿名贵的时装；跟上流行的大潮，永不落伍。要想过一种简单的生活，改变这些过高期望是很重要的。富裕奢华的生活需要付出巨大的代价，而且并不能相应地给人带来幸福。如果我们降低对物质的需求，改变这种奢华的生活方式，我们将节省更多的时间充实自己。清闲的生活将让人更加自信果敢，珍视人与人之间的情感，提高生活质量。幸福、快乐、轻松是简单生活追求的目标。这样的生活更能让人认识到生命的真谛所在。

生活需要简单来沉淀。跳出忙碌的圈子，丢掉过高的期望，走进自己的内心，认真地体验生活、享受生活，你会发现生活原本就是简单而富有乐趣的。简单生活不是忙碌的生活，也不是贫乏的生活，它只是一种不让自己迷失的方法，你可以因此抛弃那些纷繁而无意义的生活，全身心投入你的生活，体验生命的激情和至高境界。

耀眼的烟花很美，可那瞬间的绽放之后，就不再留存任何开放的痕迹。平淡之中的况味才值得细细体味，因为那才是生活真实的滋味。

刘永东和他的妻子任丽莎原来同在一家国营单位供职，夫妻双方都有一份稳定的收入。每逢节假日，夫妻俩都会带着五岁的女儿丫丫去游乐园打球，或者到博物馆去看展览，一家三口其乐融融。后来，经人介绍，刘永东跳槽去了一家外企公司，不久，在丈夫的动员下，任丽莎也离职去了一家外资企业。

凭着出色的业绩，刘永东和任丽莎都成了各自公司的骨干力量。夫妻俩白天拼命工作，有时忙不过来还要把工作带回家。五岁的女儿只能被送到寄宿制幼儿园里。任丽莎觉得自从自己和丈夫跳到体面又风光的外企之后，这个家就有点旅店的味道了。孩子一个星期回来一次，有时她要出差，就很难与孩子相见。不知不觉中，孩子幼儿园毕业了，在毕业典礼上，她看到自己的女儿表演节目，竟然有点不认得这个懂事却可怜的孩子。孩子跟着老师学习了那么多，可是在亲情的花园里，她却像孤独的小花。频繁的加班侵占了周末陪女儿的时间，以至于平时最疼爱的女儿在自己的眼中也显得有点陌生了。这一切都让任丽莎陷入了一种迷惘和不安当中。

你是否和任丽莎一样经常发现自己莫名其妙地陷入一种不安之中，而找不出合理的理由。面对生活，我们的内心会发出微弱的呼唤，只有躲开外在的嘈杂喧闹，静静聆听并听从它，你才会做出正确的选择，否则，你将在匆忙喧闹的生活中迷失，找不到真正的自我。

生命是一种轮回。人生之旅，去日不远，来日无多，权与势，名与利……统统都是过眼烟云，只有淡泊才是人生的永恒。

第七辑
真金白银，原来是最虐心的东西

　　罗马人凯撒大帝，威震欧亚非三大陆，临终告诉侍者说："请把我的双手放在棺材外面，让世人看看，伟大如我凯撒者，死后也是两手空空。"

钱财乃身外之物

　　自然界的沧海桑田，万物的生老病死，冥冥中自有注定，一切尽在生住异灭之中。你看那果子似未动，实则时刻皆在腐朽之中。纵使是人类赖以生存的地球，再历亿万年之久，也终将毁灭。名利，地位，金钱，莫不如是。既如此，我们又何必为物欲所累，惶惶不可终日呢？须知，纵使金银砌满楼，死去何曾带一文？

　　相传很早以前有一位国王，名叫难陀。他非常贪心，拼命聚敛财宝，希望把财宝带到他的后世去。他心想：我要把全国的珍宝都收集起来，一点都不留。因为贪婪，他把自己的女儿放在高楼上，吩咐奴仆说："如果有人带着财宝来求我的女儿，把这个人连他的财宝一起送到我这儿来！"他用这样的办法聚敛财宝，全国没有一个地方会留有宝物，所有的财宝都进了国王的仓库。

　　那时有一个寡妇，她只有一个儿子，心中很是疼爱。这儿子看见国王的女儿姿态优美，容貌俏丽，很是动心。可他家里穷，没法结交国王的女儿。不久，他生起病来，身体瘦弱，气息奄奄。他母亲问他："你害了什么病，病成这样？"

　　儿子把实情告知于母亲："如果不能和国王的女儿交往，我必死无疑。"

"但国内所有的财宝都被国王收去了，到哪弄钱呢？"母亲又想了一阵，说道："你父亲死时，口中含了一枚金币，如果把坟墓挖开，可以得到那枚金币，你用它去结交国王的女儿吧。"

儿子依母亲所言，挖开父亲的坟墓，从父亲口中取出金币。随后，他来到国王女儿那里。于是乎，他连同那枚金币被送去见国王。国王问道："国内所有的财宝，都在我的仓库，你从哪里得来这枚金币？一定是发现地下宝藏了吧！"

国王用尽种种刑具，拷问寡妇的儿子，想问出金币的来处。寡妇的儿子辩解："我真没有发现地下宝藏。母亲告诉我，先父死时，放过一枚金币在口中，我就去挖开坟墓，取出了这枚金币。"

于是，国王派人去检验真假。使者前去，发现果有其事。国王听到使者的报告，心想："我先前聚集这么多宝物，想把它们带到后世。可那个死人却连一枚金币也带不走，我要这些珍宝又有何用？"

从此，国王不再敛财，一心教化民众，他的国家也因此日渐兴盛。

为人，应淡看富与贵。要知道，有所求的乐，如腰缠万贯，乃至一国之尊的富贵，是混沌和短暂的；无所求的乐，即"身心自由无欲求"的富贵心态，才是一种纯粹和永恒的乐。人生中真正有价值的，是拥有一颗开放的心，有勇气从不同的角度衡量自己的生活。那样，你的生命才会不断更新，你的每一天都会充满惊喜。

幸福的本质不属于物质范畴

所有的生命都希望拥有幸福，包括动物。

在过去，按照绝大多数人的惯性逻辑，幸福就是物质上的丰足，即只要我有钱，就没有理由不幸福。后来，西方人更是灌输了这样一种理念：幸福不决定于精神，而决定于物质，如果单纯地从精神上去寻找幸福，那就等于在没有幸福的地方寻找幸福，无异于天方夜谭。受到这种文化的影响，越来越多的人把追求幸福的重点转向了追求物质。

但是，到了今天，物质生活越来越丰富，文化水平越来越高，人们在寻找幸福的道路上却愈发地迷失了。

这主要表现在两个方面：

1. 我们越来越不会做人了

人与人之间的冷漠、进行不正当竞争、相互攀比、互不信任、钩心斗角、尔虞我诈、一切都以自己为中心……伦理道德底线越来越低，甚至到了没有底线的地步。这样生活着的人们，你能说他们幸福吗？

2. 抑郁症像感冒一样普遍

追求物质所带来的巨大压力，直接导致了抑郁症的高发率。

据2003年《光明日报》报道，每年自杀人数至少在20万以上，这是多么触目惊心的数字！

针对这种情况，欧美一些社会科学家把"人类的幸福指数"首次作为课题，开始进行深入研究，自从有了这个比较可靠的科学数据以后，人类的幸福指数一直在下滑。

为什么会出现这种情况？为什么有了财富却还是不幸福？这需要我们深入分析一下痛苦与幸福的本质。

从某种角度上说：有稳定的收入会让人感到幸福；有和睦的家庭会让人感到幸福；有花不完的钱会让人感到幸福；有无上的权力会让人感到幸福……但这些，其本身并不是幸福，它只是有可能会使人产生一种短暂的幸福感。

幸福的本质不属于物质范畴，而是一种内在感受，它有时与物质有关，有时根本与物质毫无瓜葛。痛苦也是一样。幸福不会嫌贫爱富，痛苦也不会专拣穷人欺负，譬如皇帝有皇帝的苦，乞儿有乞儿的乐，就是这个道理。

所以说，要拥有幸福而消除痛苦，最关键的就是要聆听心的声音。

有这样一位富豪，他拱手送出了自己总价值300万英镑的巨额资产，因为他逐渐意识到财富不再使自己快乐。

这位富豪叫卡尔·拉伯德尔，靠从事家具和室内装潢起家。他先后变卖了自己价值140万英镑的豪宅和占地17公顷的农场，以及自己收藏的六架滑翔机和奥迪A8豪华座驾，并且将所得一分不留地捐给了慈善机构。

卡尔做出这种举动，源起于一种感觉，他感觉自己快要沦为财富的奴隶了。

卡尔说："我出生在一个非常贫穷的家庭，从小就认为物质越丰富，生活越奢侈，人就会越幸福，这么多年一直都这样。但随着时间的推移，我慢慢产生了相反的感觉，我感到自己正逐渐成为财富的奴隶。"

然而，卡尔也表示，自己很长时间都没有足够的"勇气"做出这个决定。

他真正的转变是与太太在夏威夷岛度假期间。

"当我意识到五星级生活方式是多么恐怖、毫无灵魂和感觉的时候，我惊呆了，"卡尔回忆道，"在那三周里，我们尽情挥霍，但我感觉我始终没有碰到一个真正的人，我们都是演员。工作人员扮演友好的角色，客人则扮演重要的角色，没有一个人是真的。"在随后的南美和非洲旅行中，卡尔说他产生了类似的愧疚感："我越发觉得，我的财富和那里人民的贫穷之间是有联系的。"

这让他觉得只有散尽钱财才能安心，"如果不把财富散尽，我肯定无法安心度过下半生。"卡尔说，"我打算什么都不留，因为金钱往往会起反作用，它不会让你真正感到快乐。当然，我没有权力给其他人任何建议，我之所以这样做，只是听从了自己内心的声音。"

在散掉大部分财产以后，卡尔终于体会到了自由与轻松，他现在搬进了山上的一间小木屋里，过着和普通人一样的生活，但内心却舒畅了许多。

有了财富的人，反而要去追求精神上的满足，可见物质财富与幸福并不存在直接关系。

财富，应该是为幸福服务的。客观地说，没有财富，我们的生活会很困难，这种情况下去说幸福，未免有些自欺欺人。所以对于财富的态度应该是：既要追求它，也要保持一颗平常心。

遗憾的是，很多人往往忽略了心灵上的供氧，而仅仅注重物质单方面的发展，这是个错误的方向，最后只能离幸福越来越远。所以我们看到，人类在物质方面虽然取得了空前的成功，发达程度超过以往任何一个时代，但心灵危机也是以往任何一个时代所无法比拟的。

因而，摆在现代人面前最重要的课题应该是：如何保持精神与物质的平衡发展，获取身与心的幸福双丰收。

钱是好奴仆、坏主人

这个世界上，80%的幸福与金钱无关，80%的痛苦却与金钱息息相关。

有一位叫埃文斯的作家就曾思考过财富带给自己的烦恼。几年前他买了一片小树林，然而时间一久，问题出现了：财富影响了他的生活。他需要改变这种状况，他开始思考，结果发现：

第一，小树林在他心里经常沉甸甸的。它给了他权威，却拿走了欢乐。因为这笔财产给他带来了麻烦和不便，就好比家具需要除尘，除尘器又需要佣人，佣人又需要"保险印花"。这些事情让他在准备赴宴或者到河里游泳之前，左思右想，不能决定去还是不去，原本的好心情随之荡然无存。

第二，他觉得小树林应该再大一些，好容纳快乐高飞的小鸟。可他没有能力买下邻居所拥有的林边田野，也不愿谋财害命。这种种限制使他心烦意乱。

第三，财产使拥有者感到应该用它做一些事情，比如砍倒树木或在树缝中栽上新树。这些奇怪的想法很折磨人，使他无法享受小树林的趣味。

第四，常有经过的人采挖林中的黑刺莓、毛地黄和蘑菇。他感慨："上帝啊，我的小树林到底属于不属于我？如果它属于我，我能阻止别人在那儿散步吗？"

他最后写道：可能最终我会像某些人一样，用墙将林子围起来，用栅栏把众人挡开，直到我能真正享用小树林。而那样的话，这些都可能是我会有的特点：身体肥胖、贪得无厌、貌似强大而自私透顶——我也会整夜"求一合眼不得"！

这就是财富对于人性可能产生的影响，就如智者所说的那样："有一条茶叶，就会有一条茶叶的痛苦；有一匹马，就会有一匹马的痛苦。"有钱固然是好，但是大量的财富却是桎梏。如果你认为金钱是万能的，你很快就会发现自己已经陷入痛苦之中。

当然，我们也不能把所有的罪恶和痛苦都归罪于金钱。客观地说，钱这东西，它既不是善也不是恶，既不是美也不是丑，它的确会给人们带来痛苦，但也不能因此就全盘否定它所带来的快乐，关键要看人们怎样去看待它。遗憾的是，在这个时代，大多数人并不能以平常心去对待金钱。钱这东西，原本就只是生活中的一件工具而已！可是今时今日，人们却让它"咸鱼翻了身"！让它掌握了主动权，让它改变了选择，甚至改变了人生。

如今，坊间流传着一句话："钱不是万能的，但没钱是万万不能的！"我们看看，这句话的前半句只用了一个"万"字，后半句却是一个叠词——"万万"，足以见得"钱"在人们心中的分量有多重。更可悲的是，若照此发展下去，恐怕我们亦要将前半句中的那个"不"字抹去了！不是有人曾经说过吗："宁可坐在宝马车里哭，也不坐在自行车后笑！"这样的人，可以为钱出卖欢乐、出卖感情、出卖幸福，甚至是出卖忠诚、出卖自己，那么对于他们而言，还有什么是金钱买不来的？

这样的人，我们能说他富有吗？或许他们的外表很光鲜，但他们的心灵无疑是贫瘠的。他们自以为拥有财富，其实是被财富所拥有。这不能怪罪于金钱，钱不是罪恶的根源，向往富足的生活也无可厚非，我们之中又有谁不希望自己吃得好、穿得好、住得好呢？但这种欲望应该有个限度，你不能得陇望蜀，这山望着那山高，心里就只装着"金钱"二字，这未免太过贪婪。亦如小仲马在《茶花女》中说的那样："钱财是好奴仆、坏主人。"如果把金钱视为奴仆，有也可以，没有亦可，多也可以，少也可以，人就会活得非常轻松自在；可是如果被金钱所奴役，明明已经衣食无忧，却仍不知满足、欲壑难填，就永远也得不到满足的快乐。

其实钱这个东西，只有在使用时才会产生它的价值，假如放着不用，它就根本毫无意义可言。如果看不明白这一点，一股脑儿地钻进钱眼儿里，那就等于把自己的人生卖给了金钱，从此一切以它马首是瞻，其他尽可抛弃，那么到了最后，我们或许就要抱着钞票孤独终老了。

对于真正享受生活的人来说，任何不需要的东西都是多余的，他们不会让自己去背负这样一个沉重的包袱。而我们，如果想要活得健康一点、自在一点，任何多余的东西都必须舍弃。金钱对某些人来说，可能很重要，但对于懂生活的人来说，一点也不重要，因为它不可能买到世间的一切。

幸福和快乐原本是精神的产物，期待通过增加物质财富而获得它们，岂不是缘木求鱼？如果我们为了拥有一辆豪华轿车、一幢豪华别墅而废寝忘食；为了涨一次工资而逆来顺受，日复一日地赔尽笑脸；为了签更多的合同，年复一年日复一日地戴上面具，强颜欢笑……长此以往，我们终将不胜负荷，最后悲怆地倒在医院病床上。此时此刻，我们应该问问自己：金钱真的那么重要吗？有些人的钱只有两样用途：壮年时用来买饭，暮年时用来买药。所以说，人生苦短，不要总是把自己当成赚钱的机器。一生为赚钱而活是何其悲哀！我们活着，若想自在些，就要把钱财看淡些，不要一味地去追求享受。在我们用双手创造财富的同时，不妨多一点休闲的念头，不要忘了自己的业余爱好，不妨每天花点时间与家人一起去看场电影，去散散步，去郊游一次……如果这样，生活将会变得丰富多彩，富有情趣；心灵会变得轻松惬意，自由舒畅；生命会变得活力无限。

金钱面前，需要一种淡然的态度

生命的悲哀不在于贫穷，而在于贫穷时所表露的卑微，在于因为物质而变得无知，从而失去存在的价值感和方向感。所以，我们要随时检点自己的心灵，找到灵魂深处的闪光之处，别让它的灵光为物质所蒙蔽。

生活中常见有些人：过去穷的时候，看见富人便心里泛酸，乃至对于富人阶层或富人个体的致富手段的合法性、依法纳税等操守，一直持有怀疑和否定的态度；而一旦自己有了钱或者突然发了财，又变成了另一副嘴脸，可能是趾高气扬，可能是耀武扬威，也可能是患得患失……这种人，真的是把金钱看得太重了，以至于认为金钱就是衡量一切的标准，心态已经到了严重失衡的地步。

赵本山老师曾在 2003 年春晚通过小品《心病》，深刻讽刺了物质水平提升后现代人的心理问题，当时我们捧腹大笑，感到十分滑稽。但就是这种滑稽的事情，在现实生活中也时有发生。

据《扬子晚报》报道，江苏宿迁一位李姓男士花两元钱买福利彩票，中了 1254 万元的大奖。因为过度紧张，他竟三天三夜不吃不喝不眠，还吓得去医院输了三天液。领奖时，他浑身颤抖，藏有中奖彩票的塑料袋密封条居然多次无法打开，甚至无法在完税单上签上自己的名字。

当意外之财到来时，他欣喜之余有了更多的担忧，彩票不计名、不挂失，存放彩票就成了大问题，彩票被他先后藏在家中的鞋柜、橱柜、冰箱、抽屉、衣柜、书橱等处，而且不停地变换位置。这位先生到了南京住进宾馆以后，如何保管彩票又让他烦恼无比，于是出现了让人无法理解的一幕：他去钟表店买了十个密封钟表零件的防水塑料袋，给中奖彩票穿上了六层"保护衣"，确认完全防水以后，将彩票放进了抽水马桶里面，还每隔十分钟再去查看一次彩票的安全。直到领奖时，他还是不放心，对工作人员说："你们一定要保密啊，一定要保证我的安全！"

买彩票中奖的概率本来就低，而中 1254 万元的大奖的概率更是微乎其微。这位先生本来就不是一个富有的人，财富来得太突然，不仅没有带来欣喜，反而成为精神上的巨大负担。

中奖后的李先生几乎疯掉，这"天大的惊喜"他也不敢告诉妻子，"因为她有心脏病，怕太激动会出事"。有了自己的"深刻教训"，李先生说自己先告诉妻子中了50万元，让她高兴一阵子后，再交出50万元，直到她完全接受中大奖的事实。

李先生夫妇的事让人看了难免想笑，但笑过之后我们不妨客观地问问自己：倘若让"我"遇到了这等好事，又会怎样？会不会像《心病》中赵本山饰演的赵大宝一样，表面上对物质持一种超然的态度，实际上看得比人家还重？

财富这东西需要有，但不能为之癫狂，在金钱面前，我们应该保持一种淡定的姿态，你淡定了，就不会为它左右，做出种种滑稽甚至是糊涂的事来。

的确，在我们今天的这个社会里，要冷静而坦然地面对身边的名利确实很难，一般人都无法在心理上达到平衡。其实，与充斥铜臭气味的生活相比，平淡清贫不存在真正意义上的缺失和悬殊。在俄国诗人涅克拉索夫的长诗《在俄罗斯，谁能快乐而自由》中，诗人找遍俄罗斯，最终找到的快乐人，竟是枕锄瞌睡的普通农夫。是的，这位农夫有强壮的身体，能吃、能喝、能睡，从他打瞌睡的倦态以及打呼噜的声音中，流露出由衷的开心和自在。这位农夫为什么能如此开心？因为他不为金钱所累，把生活的标准定得很低。可见，"一个人快乐与否，绝不依据获得了或是丧失了什么，而只能在于自身感觉怎样"。

有些时候，财富来得太容易、太快，的确会令我们在思想上准备不足，导致我们背上沉重的负担，甚至像范进中举一样一下子就癫了，这种情况下，幸福是遥不可及的。

所以说，从现在开始，我们应该更多地去追求内在的东西、精神上东西，在精神上多丰富内心的生活，这才是幸福的源泉。外在的东西可能是构成幸福的某种条件，但也仅仅是条件而已，它可以对我们的幸福有所帮助，但必须通过精神幸福才能转变。那么，我们又何必把物质看得太重？这不是本末倒置吗？

别被欲望迷住眼睛，跳进欲望挖下的深坑

欲望一物，常令人心生不安，为之痴狂，且变化万千，令人防不胜防，一不留神就会坠入精心布置的陷阱。

大体上说，一般贪婪自私的人目光如豆，只看得见眼前的利益，看不见身边隐藏的危机，也看不见自己生活的方向。人如果贪欲越多，往往却是生活在日益加剧的痛苦中，一旦欲望获得满足，他们仍然会失去正确的人生目标，陷入对蝇头小利的追逐；还有一些人好贪小便宜，却因此而吃了大亏。

所以，不要被突如其来的实惠或好运迷惑，其实天上是不会掉馅饼的。然而，生活中的陷阱太多了，金钱、名誉、地位、美女、机遇……其实，所有的陷阱都有一个共同的特点，就是抓住人心中最脆

弱的那根弦，使人像中了魔似的不能脱身，毫不犹豫地掉进陷阱里。掉进陷阱的人，多数是因为贪恋不该属于自己的那份东西；被当时不属于自己的东西所诱惑，结果总是得不偿失的。

一天，老赵去城里看望儿子儿媳，走在半路上，突然见到一个精美的首饰盒滚到他的脚边。身旁的一个小伙子眼尖手快，急忙捡了起来，打开一看，里面竟然有一条金项链，还附着一张发票，上面写着某某饰品店监制，售价2800元。但是老赵当即拽住小伙子，让他在原地等候失主，可是等了老半天，还是没人来领。

那个小伙子便小声提议两个人私分，说："给我1000元，项链归你。"边说边朝巷口走去。老赵平时就有个贪小便宜的习惯，看看项链，就更动心了。他心想："我可以把它送给我的儿媳妇，当年她嫁过来的时候，我们手头不宽裕也没怎么给她买过东西。这次去看他们，正好把这个项链送给她，她一定会很高兴的，这也是我这个做公公的一番心意嘛。"

老赵的犹豫没有逃过小伙子的眼睛，他更是一个劲儿地说这条项链有多好，今天运气好才会遇到的。老赵经不住小伙子的游说，便说："可是我没有这么多钱，我是来城里看我儿子的，身上只带了800块钱。"

小伙子故作大方地说："这样呀，没有关系，我就吃点亏，谁叫您年纪比我大呢。"

于是，老赵就把好不容易凑到的800块钱给了小伙子，拿着那条金项链美滋滋地向儿子家走去。

一到儿子家，他便把路上的事情跟儿子儿媳说了，还拿出那条金光闪闪的项链送给儿媳妇。小夫妻俩一听就不对，果然，那条项链根本就是假的。

老赵这才恍然大悟，原来人家设了一个陷阱让他跳。

老赵非常懊恼，却毫无办法。为此，他还大病了一场，幸好，他记住了这一教训，再也不敢贪小便宜了。

人的贪欲是一个永远都无法填满的无底洞，清醒的人不会轻易掉落，贪婪的人不请自来。无论何时何地，我们都应看清金钱对于自己的真正价值。永远都应记住金钱应该是为我们服务的，而不是奴役我们灵魂的魔鬼。

大千世界，纸醉金迷，欲望无处不在，陷阱亦随处可见。做人，不能被欲望迷住眼睛，傻傻地跳进欲望挖下的深坑，让人蔑视、嘲笑。

无欲则刚

人与欲望之间，是一场没有硝烟永不会结束的战争，不是人将欲望压制，就是欲望将人奴役，当欲望泛滥之时，即使那念头堂而皇之，也禁不住它将人拉入堕落的深渊。

然而，人又不能没有欲望。

老子说："声色犬马，饮食男女，人之性也。"就是说，人要活着就要听、要看、要做事、要吃饭，还要繁衍后代，这是人的本性。没有这些本性欲望，人不能生存，活着也没有意义。欲望，其实也是一种需求，是人类希望满足自身需要的一种心态。

可是，欲望必须有所控制，不能贪得无厌，人过于贪婪，秉性就会变得懦弱，就有可能屈服于欲望，违心去做一些不该做的事情。

对于这种现象产生的原因，两千多年前，孔老夫子的学生曾子就已经做出了透彻分析，他说"纵君有赐，不我骄也，我岂能勿畏乎？受人施者常畏人，与人者常骄人"。的确如此，"受人施者常畏人，与人者常骄人"，这与老百姓常说的"吃人家的嘴短，拿人家的手短"是一个道理，我们平白接受了别人的好处，难免就要去迎合别人的意志，导致自己在对方面前时时处于被动地位。因而奉劝大家，在无端送来的好处面前，请控制住自己的欲望，否则就会如同受人摆布的提线木偶，没有了灵魂、没有了尊严、没有了气节，被人牵着鼻子走。

要避免出现这种受制于人的无奈，就需要我们把欲望克制在一个合理的尺度上，清心而寡欲，淡泊而守志，如此才能刚锋永在，清节长存。

在电视剧《李卫当官》中就有这样一个情节：

几任县令被李卫杀死后，康熙皇帝召见李卫，问他："如果让你做县令治理一个贫困县，你能治理好吗？"

李卫回答："能。"

康熙又问："给你50万两纹银，你能保证把它全部用在百姓身上吗？"

李卫还是回答："能。"

康熙再问："你凭什么认为自己能？"

李卫答道："因为我根本就不想当官。"

李卫一句话道破了真机：无欲则刚。因为清心寡欲，没有私心，所以李卫不会中饱私囊，也不必拿银子为自己的仕途斡旋，所以他能够把银子全部用在百姓身上，所以他有这份自信，认定自己能当个好官。

《倩女幽魂》中也有一个类似的场景：

鬼想附体宁采臣身上，问他："你有什么愿望，我可以满足你。"

宁采臣回答："我什么愿望也没有。"

鬼又问他："你不想发财吗？"

宁采臣答："不想。"

鬼再问："你不想出名吗？"

宁采臣答："不想。"

鬼仍不甘心："那你不喜欢美色吗？"

宁采臣答："不喜欢。"

我们看，什么欲望都没有，鬼拿人都没办法。所以孟子说："养心莫善于寡欲。其为人也寡欲，虽有不存焉者，寡矣；其为人也多欲，虽有存焉者，寡矣。"这是在告诫我们要收敛自己日益膨胀的欲望，不然品性将会变质，即求越多，所失越大。对此，林则徐也有自己独到的见解，他说："海纳百川有容乃大，壁立千仞无欲则刚。"意思是说：大海之所以无限宽广，是因为它可以容纳众多河流，这里借指人心；千仞绝壁之所以能够巍然耸立，是因为它没有世俗的欲望，借喻人只有做到清心寡欲，才能达到"大义凛然（刚）"的境界。清末民族英雄林则徐在禁烟时，将其作为自己的座右铭，意在告诫自己：只有广纳人言，才能博取众长，把事情做得更好；只有杜绝私欲，才能如大山般刚正不阿，屹立于世。林则徐授命于民族危难之际，以此对来警醒自己，他所倡导的这种精神着实令人敬佩，对于我们而言有着莫大的借鉴意义。

人生苦短，何苦为名利所累

人若终日背负名利于心，试问何处盛装快乐？若整日尔虞我诈，试问快乐从何而言？若患得患失，阴霾不开，试问快乐又在哪里？若心胸狭隘，不懂释然，试问快乐何处寻找？

某富翁身背诸多金银，四处寻找快乐。然行遍万水千山，却仍不知快乐为何物。

这日，富翁在林边歇脚，恰逢一柴夫打此经过，于是富翁问道："我空有万贯家财，为何却没有快乐？请问如何才能找到快乐呢？"

柴夫卸下肩头的一大捆柴，一边擦汗一边回答："对我来说快乐很简单，你看，放下了就会轻松，就会快乐。"

富翁茅塞顿开：自己身背大量金银，生怕会有闪失，整日提心吊胆，又何来快乐呢？于是，富翁决定广结善缘，广散钱财，让那些需要救济的人都能喜笑颜开，而这样一来，他竟也尝到了快乐的滋味。

穷与富，并不是衡量快乐的标准。一个人若能超然于外物，即便他仅有野蔬果腹，亦能自得其乐。相反，一个人若一直为名利所累，即便他富甲天下，也很难求得一朝快乐。

面对得与失、顺与逆、成与败、荣与辱，我们要坦然视之，不必斤斤计较，耿耿于怀。否则，只会让自己活得很累。

惠子当梁国的宰相时，有一次庄子去看他，因为二人一向友情很深。庄子来了以后，有人在背后对惠子说："庄子这次来，是想取代你宰相的位置，您小心点！"

惠子一听便担心了，决定先下手为强，捉拿庄子，以除后患。可是在全国搜捕了三天，始终没发现庄子的影子。当惠子放下心来依旧当他的宰相时，庄子却来求见。原来庄子并没逃走，只是藏起来了。

庄子对惠子说："南方有一种鸟名叫鹓，您听说过吧。那鹓，是凤凰一类的鸟。它从南海飞到北海，不是梧桐不栖身，不是竹子的果实不吃，不是甘美的泉水不喝。就在这时，一只老鹰抓到了一只腐烂的死老鼠，鹓从它的身边走过，老鹰便紧张起来，抬头对鹓说：'想拿走梁国相位来吓唬我吧？'老鹰把死老鼠抓得更紧了。"

听庄子讲完，惠子面红耳赤，不知说什么好。

还有一次，庄子在濮河上钓鱼，楚威王派两个大夫前来，带着楚威王的亲笔信，要请庄子去当楚国的宰相。两个大夫客气地转达楚威王的问候："大王想拿我们国家的事麻烦您，请不要推却！"

庄子只自顾自地钓鱼，手里拿着钓竿，眼睛盯着水面，对两位大夫的恭敬与楚王的盛情，一点也不理睬。最后庄子说："我听说楚国有一只神龟，死了已经两千年。楚王把它的遗体，用竹箱子装着，用手巾盖着，珍藏在庙堂里。您二位说说，这只龟，是愿意死了以后，留下骨头让人珍惜呢，还是宁愿活着，在沼泽中摇头摆尾呢？"

二位楚大夫答道："那当然是愿意活着，在沼泽里摇头摆尾了。"

庄子大笑道："那好，您们回去吧。我愿意活着，在沼泽里摇头摆尾，自由自在。"

人处于世间，如果能从宇宙和用历史的眼光来看待人生，会深感人生之渺小，生命之短暂。以此而言，斗胜争强、求名夺利，意义何在？如此就会生活得更好吗？苏东坡说："西望夏口，东望武昌，山川相缪，郁乎苍苍，此非孟德之困于周郎者乎？方其破荆州，下江陵，顺流而东也，舳舻千里，旌旗蔽空，酾酒临江，横槊赋诗，固一世之雄也，而今安在哉！"

第八辑
比字两把刀，一刀伤人，一刀伤已

　　人总爱跟别人比较，看看有谁比自己好，又有谁比不上自己。而其实，为你的烦恼和忧伤垫底的，从来不是别人的不幸和痛苦，而是你自己的态度。

摆正心态去经营人生

在网上看到的一个帖子：一个女人说，自己的闺密各方面都顺得不得了，本人漂亮，老公帅气又能干，疼老婆，孩子可爱，生活优越，很是让人羡慕，她就觉得心里有些不平衡。

忽然有一天，闺密花容失色，面容憔悴，痛哭流涕，原来她老公出轨了。女人在安慰闺密的同时，心里油然而生一种"快慰"，她感到了"平衡"。

最后，她总结道：自己遇到挫折的时候，千万不要对别人说，要打碎了牙往肚子里吞，免得在寻找别人的安慰的同时，安慰了别人。

眼红是种病，不仅会害了人的眼睛，更会害了人的心，如果让这种心态恶性循环下去，所有美好的东西都将成为忌妒的陪葬品。这种由偏狭、自私而萌生的忌妒显然是消极的。

盖丽丽与张翠萍是某艺术院校大三的学生，同在一个宿舍生活。入学不久，两个人就成了形影不离的好朋友。盖丽丽活泼开朗，张翠萍性格内向，沉默寡言。张翠萍逐渐觉得自己像一只丑小鸭，而盖丽丽却像一位美丽的公主，心里很不是滋味，她认为盖丽丽处处抢自己的风头，心中暗暗恨着盖丽丽。大四那年，盖丽丽参加了学院组织的服装设计大赛，并获得了一等奖，张翠萍听到这一消息以后心中特别难受，便趁着盖丽丽不在宿舍时将她的参赛作品撕成碎片，扔在床上。盖丽丽回来以后，看到这种情况不知道该如何与张翠萍相处，更想不通事情为什么会变成这个样子。

盖丽丽与张翠萍从形影不离到反目为仇，这样的变化实在令人惋惜，而引起这场悲剧的根源就是——眼红，忌妒。

客观地说，毫无忌妒心的人是没有的，忌妒是人的本性，在合理范围内可被视为正常反应。但如果让自己的内心充满妒嫉，就可能导致行动不顾后果，做事缺乏考虑。所以莎翁一再提醒人们："您要留心忌妒啊，那是一个绿眼的妖魔！"的确是这样，现实生活之中，忌妒作为一种病态心理危害极大。忌妒者往往不择手段地采取种种办法，打击其忌妒对象，既有害自己的心理健康，又影响他人。

在当今这个时代，最具代表性的"红眼病"就是仇富现象。据说中关村某男士经过数年的打拼才积累了一点资产，买了一辆别克轿车代步，可停在公司楼下没几天，就被人划上了几道疤痕，这位男士无奈地说："如果我买的是夏利或者奥拓，它的命运肯定要好一些。"

"眼红"通常来自生活中某一方面的"缺乏"。你心里泛酸，不是滋味，是因为你想得到的东西被别人得到了，你因此失落，甚至认为是别人抢走了原本属于你的关注、荣誉、利益、机遇等。这种感觉会扰乱你的生活，会让你被忌妒情绪所左右，并不断强化和持久化这种情绪。

我们可以通过自我安慰式的洒脱来消除它的影响。在心里告诉自己：总会有新的机遇、新的朋友、新的美好在等待"我"，只要"我"愿意把握！这种自我安慰能够减少你的压力，让你将上一次的失利归咎于自己的失误，而不是别人的掠夺。

做人洒脱一点，活得就会更自由一点、更放松一点，当你发现自己被"红眼病"找上时，记得把心态从"缺乏"转移到"丰富"上，你就能够淡定了。

莫羡王孙乐，知足即是福

在社会中，浮躁的人往往很难按捺住这颗躁动的心，看到别人的比我们的好，我们就不断地去争、去取、去夺，然而，成功和满足却依旧离我们那样遥远。即便真的很困、很累、很疲倦，但我们却从不肯让自己歇息片刻，而这一切只是为了"知足"。殊不知，凡事没有最好，只有更好，你若得陇望蜀，那么就永远也无法获得满足。

知足无非是在一念之间，当你得到了生命中正常所需，你感到满足，那么快乐即会随之而来；相反，倘若你所求的过多，永远不肯停止索求的脚步，那么你将很难感受到快乐。

古时候有一个大国的国王，名叫察微。有一次，在空闲的日子里，察微王穿着粗布衣服，去巡视民情。他看到一个老头儿正在愁眉苦脸地补鞋，就开玩笑地问他说："天下的人，你认为谁是最快乐的？"

老头儿不假思索地回答："当然是国王最快乐了，难道是我这老头儿呀？"

察微王问："他怎么快乐呢？"

老头儿回答道："百官尊奉，万民贡献，想要什么，就能有什么，这当然很快乐了。哪像我整天要为别人补鞋子这么辛苦。"

察微王说："那倒如你讲的。"

他便请老头儿喝葡萄酒，老头儿醉得毫无知觉。察微王让人把他扛进宫中，对宫中的人说："这个补鞋的老头儿说做国王最快乐。我今天和他开个玩笑，让他穿上国王的衣服，听理政事，你们配合点。"

宫中的人说："好！"

老头儿酒醒过来，侍候的宫女假意上前说道："大王醉酒，各种事情积压下许多，应该去理政事了。"

众人把老头儿带到百官面前，宰相催促他处理政事，他懵懵懂懂，东西不分。史官记下他的过失，大臣又提出意见。他整日坐着，身体酸痛，连吃饭都觉得没味道，也就一天天瘦了下来。

宫女假意地问道："大王为什么不高兴呀？"

老头儿回答道："我梦见我是一个补鞋的老头儿，辛辛苦苦，想找碗饭吃，也很艰难，因此心中发愁。"

众人莫不暗暗好笑。夜里，老头儿翻来覆去睡不着觉，说道："我究竟是一个补鞋的老头儿呢？还是一个真正的国王？要真是国王，皮肤怎么这么粗？要是个补鞋的老头儿又怎么会在王宫里？是我的心在乱想，还是眼睛看错了？一身两处，不知哪处是真的？"

王后假意说道："大王的心情不愉快。"便吩咐演出音乐舞蹈，让老头儿喝葡萄酒。

老头儿又醉得不知人事。大家给他穿上原来的衣服，把他送回原

161

来的破床上。老头儿酒醒过来，看见自己的破烂屋子，还有身上的破旧衣服，都和原来一样，全身关节疼痛，好像挨了打似的。

几天之后，察微王又去看老头儿。老头儿说："上次喝了你的酒，就醉得不晓人事，到现在才醒过来。我梦见我做了国王，和大臣们一起商议政事。史官记下了我的过失，大臣们又批评我，我心里真是惊惶忧虑，全身关节疼痛，比挨了打还痛苦。做梦都如此，不知道真正做了国王会怎么样？上次说的那些话错了。"

因而察微国王说："莫羡王孙乐，王孙苦难言；安贫以守道，知足即是福。"

补鞋的老头儿羡慕国王的生活，以为锦衣玉食、万民朝拜就是一种快乐，岂不知国王也有国王的苦恼，补鞋也有补鞋的乐趣。

人，真的没有必要给自己的心灵增加太多的负担，更没有必要对生活产生太多的不满。生活免不了存在缺陷，只要能够珍惜"我所有"，让自己拥有一颗知足的心，以一颗平常心去寻找生活中快乐的亮点，你的内心就一定能够阳光永驻。如此，生活就不会那般沉重，更不会让你充满怨言。

其实布衣茶饭，也可乐终身。人生在世，贵在懂得知足常乐，要有一颗豁达开朗平淡的心，在缤纷多变、物欲横流的生活中，拒绝各种诱惑，心境变得恬适，生活自然就愉悦了。而人之所以有烦恼，就在于不知足，整天在欲望的驱使下，忙忙碌碌地为着自己所谓的"幸福"追逐、焦灼、钩心斗角……结果却并非所想。

别人的好东西，未必适合你

东西好不适合自己就让它摆在那儿，因为摆在那儿它还是好东西，自己拿在手里，完全就是不适合自己的废品。所以我们没必要毁掉那好东西的身价，但也没必要把着一件对自己没用的东西纠结。或许很多人都曾有过这样的感受，小时候总是很羡慕别人，或是羡慕别人有漂亮的衣服，或是羡慕别人有新奇的玩具，或是羡慕别人有可爱的弟弟妹妹，总之就是觉得别人的东西才是最好的，从不去想那些东西是不是适合自己，也可能等到自己成熟之后，才发现那不是适合自己的。

就像有的人喜欢穿长裙，有的人喜欢穿牛仔裤，还有人喜欢穿西装，也有人喜欢穿 T 恤。穿长裙的对穿牛仔裤的休闲风格欣赏有加，穿牛仔裤的对穿长裙的柔美气质艳羡不已，穿西装的对穿 T 恤的自由随意渴望已久，穿 T 恤的对穿西装的端庄稳重心驰神往。然而他们如果换着穿衣，很可能自己的风格就不复存在，只剩不伦不类的难堪。

好的不一定适合你，鞋子舒不舒服只有脚知道。再华丽的鞋子，哪怕是童话里的水晶鞋，如果穿在自己的脚上无法行走，那外表的光鲜又有何用？所以，不要羡慕那些"好的"，对我们每个人来说，我们应该追求的是那些"适合"的。

一位徒步旅行者去浪漫的法国旅游。有一天，他漫步走到法兰西剧院附近，远远地看见了大师莫里哀的纪念像。他走到跟前瞻仰的时候，才发现大师雕像的脚下有个穿着厚厚的夹克和牛仔裤的头发蓬乱的乞丐。

　　那是一个典型的欧洲乞丐，一头没有打理过的金色头发，胡子拉碴。显然，因为时间尚早，那乞丐应该也是刚到，他跪坐在足有双人床那么大的薄毯上，一样一样地、细心地摆弄着他的家什：番茄酱、芥末酱、蛋黄酱、醋……还有许多种旅行者叫不上名字的东西，但看上去似乎都是调料。

　　乞丐发现旅行者在看他，抬头友善地一笑。旅行者大胆地跟他打招呼，问他："你有那么多东西了，还要什么呢？"乞丐开心地大笑，双手一摊，指着他的家当说："这些东西有什么用处！我得要到每天的面包呀！"是啊，尽管这位乞丐已经拥有了那么多调料，可他仍需"要到每天的面包"，因为那些调料无法充饥。对他而言，只有面包才是最重要的，只有面包才是他每天必需的东西，才是最符合他要求的东西。

　　联想我们自己的生活。有时候，我们费尽心机、千辛万苦得到了某些东西，可那些东西是我们真正需要的吗？是真的适合我们的吗？要钻石还是要爱情？这个问题跟要面包还是要调料其实是一样的。很多时候，我们的追求本末倒置，我们为之羡慕和迷醉的，或许并不是我们真正需要的。在一条乡村的小路边，有一眼清澈的山泉。村里人上街或者串亲戚，路过山泉，便停下蹲在泉眼边喝水解渴，顺便看一眼宜人的景色。人们开始或用手捧水或用树叶折叠成碗状舀水喝，后来不知道谁放了个破碗在泉边，大家感到非常方便。

　　过了一段日子之后，有人看到那个破碗不够美观，于是就把它一脚踢到旁边，不知滚到哪里去了。然后那人换上了一只非常漂亮的瓷碗。过路人都觉得还是这只碗美观，喝起水来仿佛也分外甘甜。

然而，让人们意想不到的是，没过几天时间，那只漂亮的瓷碗不翼而飞了。好碗丢失了，破碗又被扔到一边，人们又只好用树叶或用手捧水喝，相当不习惯。于是，又有热心人买来一只好瓷碗，放到了泉水边。

可惜的是，这只瓷碗的命运与前一只瓷碗的命运没有两样，很快，好瓷碗再次不翼而飞了。这时候，人们才想起来，漂亮的瓷碗很容易被人拿走，买只好碗放在泉边，根本没有必要，它很容易丢失，那样只会给路人带来更大的不便。而破碗放在山泉边上，除了喝水的人，谁都不会注意的。

于是，人们去把那只破碗找了回来，让它重新回到原来的位置。那重新捡回来的破碗，一直沿用到今天，从来没有丢失过。这个故事就像我们的人生，好的东西不一定是合适的，而合适的东西也不一定就是好的。有人在高温烈日下徒步跋涉却乐在其中，有人在空调房里斜靠沙发手捧零食看韩剧，同样逍遥自在。旅行者也许会认为看韩剧者是在浪费生命，看韩剧者则认为对方是自找罪受，谁也不能理解谁。但其实只要适合自己，就是美丽快乐的人生。

因此，在生活中我们不必整天为得不到"好的"而懊恼。羡慕别人的工作工薪甚高，可是把你放在那个位置上你能胜任吗？羡慕别人的爱人温暖贴心，可换成你们在一起，你俩的性格搭调吗？羡慕别人的孩子懂事出息，可那是你的亲生骨肉吗？

微风吹过，蒲公英的种子打开降落伞在风中寻找自己的目标，它们中有的选择了美丽的大海歇息，有的选择了广袤的沙漠嬉戏，也有的一头扎进黑兮兮的土里。第二年，春风吹起的时候，只有将家安在土中的种子才在阳光下露出美丽的笑脸。

找到属于你的沃土，你才能生根发芽。所以，只有知道了自己想要的是什么，知道了适合自己的是什么，我们的人生才会有方向，才会更容易成功。

不必羡慕别人的花园，你也有自己的乐土

有的人在拥有和享受一些东西的同时，又在羡慕别人所拥有的东西。与此同时，他们忘记珍惜现在拥有的，只一门心思追求自己所没有的，最终的结果往往是疲惫不堪，使自己时刻都陷入忌妒不平当中。于是烦恼便也随之层出不穷，整个一生便陷入烦恼编织的网里了。

有这样一对夫妻，他们是大学同学，在学校时是大家公认的金童玉女，毕业后，顺理成章地结成了百年之好。那时，当同学们都在为工作发愁时，男人就已经直接被推荐到一家公司做设计工程师，女人也因此自豪着。

结婚五年后，他们要了宝宝，生活步入稳定的轨道，简单平静，不失幸福。然而，一次同学聚会彻底搅乱了女人的心。

那次聚会，男人们都在炫耀着自己的事业，女人们都在攀比着自

己的丈夫，站在同学们中间，女人猛然发现，原本那么出众的他们如今却显得如此普通，那些曾经学习和姿色都不如自己的女同学都一身名牌，提着昂贵的手提包，仪态万千，风姿绰约。而那些曾经被老公远远甩在后面，不学无术的男同学，现在居然都是一副春风得意的样子。

回家的路上，女人一直没有说话，男人开玩笑说："那个小子，当初还真小看他了，一个打架当科的小混混，现在居然能混成这样，不过你看他，真的有点小人得志的样子。"

"人家是小人得志，但是人家得志了，你是什么？原地踏步？有什么资格笑话别人？"

男人察觉出了女人的冷嘲热讽，但并未生气："怎么了？后悔了？要是当初跟着他现在也成富婆了是吗？"

一句话激怒了本就不开心的女人："是，我是后悔了，跟着你这个不长进的男人，我才这么的处处不如人。"

男人只当女人是虚荣心作怪，被今天聚会上那些女同学刺激了，未避免吵起来，便不再作声。

一夜无话，第二天就各自上班了，男人觉得女人也平复了，不再放在心上，可是此后他却发现，女人真的变了，总是时不时地对他讽刺挖苦：

"能在一个公司待那么久，你也太安于现状了吧？"

"干了那么久了，也没什么长进，还不如辞职，出去折腾折腾呢！"

"哎，也不知道现在过的什么日子，想买件像样的衣服，都得寻思半天的价格，谁让咱有个不争气的老公呢！"

在女人的不断督促下，那人终于下决心"折腾折腾"。他买了一辆北京现代，白天上班，晚上拉黑活，以满足女人不断膨胀的物质需求。女人的脸上也渐渐有了些笑模样。

那天，本来二人约好晚上要去看望女人的父亲，可左等右等男人就是不回来。女人正在气头上，收到了男人发来的信息："对不起老婆，始终不能让你满意。"女人看着，想着肯定是男人道歉的短信，她躺着，回想着这些年在一起的生活，想到男人对自己的关心和宽容，想着他们现在的生活，虽然平凡一点，但是也不失幸福，想着自己也许真的被虚荣冲昏了头了，想着想着便睡着了。第二天早上，睁开眼的女人发现，丈夫竟然彻夜未归，她大怒，正准备打电话过去质问，电话铃声却突然响了。

电话那头说他们是交通事故科的，女人听着听着，感觉眼前的世界越来越飘缈，她的身体不停地抖着，蜷缩成一团。

原来，那天晚上，男人拉了一个急着出城的客人，男人一般不会出城，但因为对方给的价格太诱人，就答应了，回来的路上，他被一辆货车追尾，最后一刻男人给女人发了一条信息"对不起老婆，始终不能让你满意"。

太平间里，女人的心抽搐着，可是无论多么痛苦，无论多么懊悔，无论多么自责，都已经唤不醒"沉睡"的男人。

其实生命真正需要的并不多，人生无须太圆满，如果能原谅自己的欠缺，就不会与他人做无谓的比较，才能更珍惜自己现在所拥有的一切。

幸福与快乐其实并不像想象中那么复杂，它很简单，也很容易实现，但是，如若你总想着比别人过得都幸福，那却很难很难实现。毕竟，山外永远还有一座山。

　　其实我们根本无须羡慕别人的美丽花园，因为你也有自己的乐土。命运给了我们遗憾和苦难，但同时也赐予了我们欢乐和机遇，如果你懂得珍惜现在所拥有的一切，就会减少许多无奈与烦恼，多一些欢乐与阳光，你的人生也将更加幸福、更加快乐！

幸福如人饮水，冷暖自知

　　这世上总有人比你拥有的更多、更好，所以在这场较量中，你不可能"赢"。与他人比，你永远只能一时高兴。

　　其实，攀比也并非都是坏事。如果能够通过攀比，发现自身的不足、认识自己的独特、承认与别人的差异、确定努力的方向、激发合理竞争的欲望，那么攀比一下又何妨？这样比有什么不好？这样比也能促成进步，这样比完全是可以的。

　　但是，如果什么都要比，聚在一起就比事业、比地位、比房子、比车子、比银子……非要比出个谁强谁弱，比赢了就扬扬得意、不知所以，比输了就垂头丧气、耿耿于怀，那就是一种心理失衡了。从某种意义上说，这完全是在自找烦恼。希望大家明白，一山还有一山高，倘若一路比下去，只会让自己越比越急、越比越累。

　　有一位作家，他的寓所附近有一个卖莜面的小摊子，一次，作家带孩子散步路过,看到生意极好,所有的椅子都坐满了人。父子二人饶有兴趣地看了起来。

只见卖面的小贩把莜面放进烫面用的竹捞子里,一把塞一个,仅在刹那之间就塞了十几把,然后他把叠成长串的竹捞子放进锅里烫。

接着他又以迅雷不及掩耳的速度,将十几个碗一字排开,放作料、盐、味精等,随后捞面加汤。做好十几碗面前后没有用到五分钟,而且还边煮边与顾客聊着天。

作家和孩子都看呆了。

在他们从面摊离开的时候,孩子突然抬起头来说:"爸爸,我猜如果你和卖面的比赛卖面,你一定输!"

对于孩子的话,作家莞尔一笑,并且立即坦然承认,自己一定输给卖面的人。作家说:"不只会输,而且会输得很惨,我在这世界上是会输给很多人的。"

他们在豆浆店里看伙计揉面做油条,看油条在锅中胀大而充满神奇的美感,作家就对孩子说:"爸爸比不上炸油条的人。"

他们在饺子馆,看见一个伙计包饺子如同变魔术一样,动作轻快,双手一捏,个个饺子大小如一,晶莹剔透,作家又对孩子说:"爸爸比不上包饺子的人。"

生活的道理应该是这样:我们没必要为了面子让自己活得太累,在人前处处逞强,仿佛自己什么都能做到似的。每个人都有缺陷,要敢于承认己不如人,也要敢于对自己不会做的事情说"不",这样我们自然能够获得一份适意的人生。

其实,"攀比"本身没有错,错的是我们对待"攀比"的心态。人一旦有了不正常的比较心,往往意不能平,终日惶惶于所欲,去追寻那些多余的东西，空耗年华，难得安乐。然而，尽管我们都知道"人比人，气死人"的道理，可在生活中，我们还是要将自己与周围环境中的各色人物进行比较，可是攀来比去，最后除了虚荣的满足或失望之外，还剩下什么？有没有意义？是徒增烦恼还是有所收获？答案是：毫无意义！

其实，他是他，你是你，他有的你不一定有，你有的他也未必有，生活是自己的，只要自己过得开心、舒适就好。我们又何必与人比着活？

不知大家有没有看过这样一则寓言：

猪说："假如让我再活一次，我要做一头牛，工作虽然累点，但名声好，让人爱怜。"

牛说："假如让我再活一次，我要做一头猪，吃罢睡，睡罢吃，不出力，不流汗，活得赛神仙。"

鹰说："假如让我再活一次，我要做一只鸡，渴了有水，饿了有米，有房住，还受人保护。"

鸡说："假如让我再活一次，我要做一只鹰，可以翱翔天空，云游四海，任意捕兔杀鸡。"

那么你呢？是不是也在想着自己过上别人的生活？是不是觉得那样才快乐？其实幸福如人饮水，冷暖自知。

你不是别人，你没有走过他所走过的路，又怎会知道他心中是苦是乐？所以没有必要羡慕忌妒。

你的幸福也许就是一碗白开水，你每天都在喝，何必羡慕别人喝的带有各种颜色的饮料？其实未必有你的白开水解渴。

所以说，别活得太累，幸福的标准因人而异，你完全没有必要羡慕别人，你只要知道自己的方向，你努力朝着这个方向去做，就能体现你的价值，并收获你的幸福，而这个价值和幸福，也都是别人所无法达到的。

你很棒，但不一定要永远争第一

在现实生活当中，争夺第一的价值观往往会影响我们的幸福观。人生不是竞技体育，所以，不要永远去争第一。天外有天，人外有人，我们怎么可能永远都比别人强大？争第一真的是太不容易了，它要付出比别人多好多的代价，一直这样，我们能够忍受吗？

有进取心这显然是好的，这其实是一种积极向上的表现。但是始终都抱着争第一的心态，就会让我们不满足现状，会让我们在不断地失落当中走向怨恨。我们在年轻的时候血气方刚，斗志昂扬，总认为我们所梦想的东西离自己很近。其实，无论我们如何努力，总是有一些东西是我们争取不到的。美国曾经有一家租车公司，长期以来一直居于行业的第二位置，距离市场占有率第一名的租车公司有很大的一段距离，而后面的竞争者更是强者如云。当发现公司的业绩不断下滑，公司聘请了奚得先生做总裁，他在当时有着"经营之神"的美称。到任之后，他对公司内部进行了大刀阔斧的改革。

要提高业绩，最主要的还是要加大公司的宣传力度。广告大师彭巴克先生建议：广告要坦白直率地告诉大家——我在租车业中排名第二；因为是第二，所以我们更要努力。

奚得先生经过考虑，最后接受了这则广告的建议，而且所有的车上都贴满了奚得先生的电话，如果租车者发现车子不够清洁、有烟蒂等情况，就可以直接打电话给他，因为"我们第二，所以要更努力"。

不久之后，这家租车公司的业绩快速上升，市场占有率愈来愈接近第一名。尽管是这样，他们还是以第二自称，因为第二代表的不仅仅只是名次，而是他们努力的形象。一个不断努力改进自己的企业，又怎么能够不受到客户的欢迎呢？我们不要把成长看成是40米、400米、4000米的赛跑，而是马拉松的赛跑，不要太看重某个时期的领先还是落后，不要总去争第一。第二自然有第二的好处，我们会因为第二而更清楚自己的不足和缺点，更清醒、更周全地看待我们人生当中所发生的事情。

在许多时候，因为对生活还有过多的期望，所以我们在没有遇到来自事业，或者情感的挫折的时候也难解内心的失意情绪。第一永远只有一个，总是与别人比高低，总有一天会有被比下去的挫折感。曾经获得世界冠军的美国拳击手杰克，他在每次比赛之前都必须先安静地祷告一会儿。

一个朋友曾经问他："你在祈祷自己打赢这一场比赛吗？"

他摇摇头，说："如果我祈祷自己打赢，而我的对手也祈祷打赢，那么这样会让上帝非常难办的。"

朋友很奇怪："那你到底在祈祷什么呢？"

杰克说："我只是在祈求上帝能够让我打得漂漂亮亮的，最好让我们谁都不要受伤。"记得曾经有人说过这样一句话，如果有一样东西，只要人们跳一跳就够得到，那就去够吧，这叫作努力，叫作进取；如果跳起来都不可能够到，那么就别费劲了，因为你无论怎样努力地跳高还是够不着的，超出能力去做事这就叫勉为其难。

生命其实是一个丰富多彩的过程，我们要善于接受生活当中存在的不完美。成功并不是说一定要争得第一。

人们不可能在各个方面都争取第一，只要能战胜自己，就应该为自己喝彩。生活中有角逐和竞争，但是生活的目的却不是为了角逐和竞争，而是追求属于自己的独一无二的人生价值。

讲排场也要看实力

看了一篇报道，说某地女同胞，月收入不过 2000~3000 元，可为了在别人面前有"面子"，她宁可省吃俭用，攒下大半年的收入去高档专卖店买一个高档挎包，她可以每天背着这个挎包去挤公交车或走路上下班以省下车钱。甚至有些女人为了在别人面前显示高贵，超出自身承受能力地去买高档服装、化妆品、首饰等奢侈品，为了过上表面奢华、虚荣的生活，不惜傍大款、卖身、啃父母，她们失去的是什么呢?

虚荣心强的人外强中干，不敢袒露自己的心扉，因此给自己带来了沉重的心理负担。虚荣之心在现实生活中只能满足一时的快感，长时间的虚荣会导致不健康情感因素的滋生。

有些人特别爱面子，喜欢讲排场，即使囊中羞涩也要硬充大款。一旦发迹之后更是极尽奢华之能事，大有千金散尽还复来的派头。这种人根本不可能获得真正的成功

有许多年轻人每月可以赚很多的钱，但拿到之后总是花个精光，而理由无非是在人前装个样子，这样的人如果不思悔改，将来到了晚年，其景象可能会很凄凉！

很多人脑子里没有节约的意识，花钱如流水一般，胡乱挥霍，这些人似乎从不知道金钱对于他们将来事业上的价值。他们胡乱花钱的目的好像是想让别人说他一声"阔气"，或是让别人感到他们很有钱。当他与女友约会时，即使是在隆冬季节，他也非得买些价格很贵的鲜花不可。他却从来不曾想到，要这样费尽心机、花费钱财追来的老婆，将来绝不会帮他积蓄钱财，而必定是花钱如流水、挥金如土。

这样的人一旦用钱把脸面撑起来后，一切烦恼苦闷的事情就会接踵而至。为了顾全面子，他们就再也不能过节俭日子了。他们也不会认识到自己已经沦落到什么样的地步了。有些人入不敷出以后，就开始动歪脑筋，甚至挪用公款来弥补自己的财政缺口，久而久之，耗费愈大亏空也就愈多，慢慢地就陷入了罪恶的深渊，难以自拔。到了这时，他才想到自己不该胡乱花费，不该因此干那些违背天理良心的事情，不该挪用公款，可是为时已晚！为了满足这种爱慕虚荣、讲排场的恶习，不知有多少人到头来要挨饿，甚至有很多人因此丢了性命，更有无数人因此而丢失了职位！

当然，节俭不等同于吝啬。然而，即使是一个生性吝啬的人，他的前途也仍然大有希望，但如果是一个挥金如土、毫不珍惜金钱的人，他们的一生可能将因此而断送。不少人尽管以前也曾经刻苦努力地做过许多事情，但至今仍然是一穷二白，主要原因就在于他们没有储蓄的好习惯。

　　为什么有那么多人如今都过着勉强糊口的生活呢？因为这些人不懂得，以前少享些安乐，多过些清苦的日子。他们从来不知道去向那些白手起家的伟大人物学一学；他们从来不懂得什么叫自我克制，无论口袋里有多少钱都要把它花得分文不剩；他们有时为了面子，即使债台高筑也在所不惜。

　　一个人有挥金如土的毛病是不会成就什么大业的，挥霍无度的恶习恰恰显示出一个人没有大的抱负、没有希望，甚至就是在自投失败的罗网。这样的人平时对于钱的出入收支从来漫不经心、不以为然，从来不曾想到要积蓄金钱。如果要成功，任何人都要牢记一点：对于钱的出入收支要养成一种有节制、有计划的良好习惯。

第九辑
挤不进的世界，不要硬挤，做不来的事情，不要硬做

　　有些事情，要等到你渐渐清醒了，才明白它是个错误；有些东西，要等到你真正放下了，才知道它的沉重。苦苦追求无法得到的，不懂得珍惜现在拥有的，结果只是徒劳。

这个世界，总有我们赶不上的公交车

所有的上班族都会有这样的体会，我们经常为了追赶公交车而大力奔跑。于是为了尽量不把时间浪费在路途中，我们总是估算好公交车进站的时间，好让自己在公交车进站的那一刻正好踏上站台，如果还能站到队伍的前面得到个座位，那就更完美了。

然而，人算总是不如天算，常常我们又是远远看到自己要坐的那辆公交车在站台上停靠，待我们即将冲到之时，车子却徐徐启动了，只留下我们怅然地望着公交车绝尘而去。

这个时候我们开始后悔，如果早半分钟出来，事情的结果就不一样了。接着，无数种可以改变剧情的假设出现在头脑中：如果我还能跑得再快一点，如果司机师傅启动得再慢一点，如果再多几个上车的乘客……但所有的假设终归是假设，我们唯一可以控制的，就是早出来半分钟。

于是，为了给自己留下充足的时间，我们特意提前出门了，但公交车还是会与我们擦肩而过。原来，之前的那趟车还没来，而它之前的公交车却已开走了。

其实，就算我们再提前五分钟、十分钟，这个世界上，还是会有我们赶不上的公交车。路的前方还有前方，前方是没有止境的。

熙来攘往的车辆，宛若人生中不断出现的人、事、物。他们一个接着一个出现，恰似到达站台上的公交车。每辆车都有着各自的方向，不同的车辆为不同路线的乘客提供方便，陪着他们驶向各自的终点。

不适合你的那辆车，非但不能给你提供便捷，反而会让你偏离既定的方向。很少有人只是为了乘车而随意踏上其中的一辆，但很多人会因为刻意谋取些什么而轻易迷失。

更多的时候，你所希望得到的，恰如你追赶不上的公交车，即便它从你身边驶过，但如果时间地点不对，也不会因为你的招手立刻停下。你所能做的，也是应该做的，就是在站台上守候下一个希望。

这世界，总有一些东西我们会错过。于是，人生便有了"遗憾"这个词。仔细想想，遗憾能带来什么？只是一种难以诉说的隐痛而已。所以，不要再为错过掉眼泪，佛法讲"万事随缘"，既然你与之无缘，就随它自去吧。

人生，要留一份从容给自己，这样就可以对不顺心的事，处之泰然；对名利得失，顺其自然。要知道，不是所有的事情你都能一并掌握，人生总是有得有失，有成有败，生命之舟本来就是在得失之间浮沉！美好的东西人人想要，但并不是人人都能得到，况且。错过了的美丽不一定就是遗憾。

其实，有些美丽是不该错过的，而有些美丽则需要你去错过。

有位旅行者听说有一处景色绝佳的胜地，于是发誓不惜一切代价也要找到它，一睹秀色。经历了数年的跋山涉水，饱尝了千辛万苦，他已经相当疲惫了，但依然云深不知胜地在何处。这时，有位老者给他指了一条岔路，告诉他，美丽的地方有很多，不必沿着一条路走到底。他按老者的话去做了，不久他就看到了许多异常美丽的景色，他赞不绝口，流连忘返，庆幸自己没有一味地去找寻梦中那个美丽的地方。

生活就是如此，跋涉于生命之旅，我们的视野有限，如果不肯错过眼前的一些景色，那么可能错过的就是前方更迷人的佳境。只有那些善于舍弃的人，才会欣赏到真正的美景。

是的，有些错过可以诞生美丽，只要你的眼睛和心灵始终在寻找，幸福和快乐很快就会来到。只是有的时候，错过需要勇气，也需要智慧。

心里有个高压锅，自己就被煮熟了

每个人都有自己的抱负，志存高远也无可厚非。但如果将目标定得太高，实现起来难度太大或者说根本实现不了，就会令自己郁郁寡欢，这就是在自寻烦恼了。

的确，现代社会是个压力巨大的社会，为避免在竞争中遭到淘汰，就要不断提高对自己的要求，但上进归上进，还是不要给自己太大压力的好。事实上，压力既是推动人前进的"推进器"，也会变成破坏人生的"定时炸弹"。

　　犹记得 2000 年悉尼奥运会的一个场景，那是气手枪射击决赛第八发射击，赛场气氛似乎到了窒息的程度。中国队选手陶璐娜的手在颤抖，枪口在晃动。果然，陶璐娜只打了 9.4 环。

　　赛后，教练孙盛伟表示说，在一般的世界大赛决赛上，射击运动员的脉搏约为每分钟 130 次，而这场比赛中，运动员的脉搏则达到了 160 次左右！陶璐娜的气手枪重量为一千一百多克，扣扳机的力量在 500 克以上。靶心的那个黑点直径为 10 毫米，0.1 环的差距仅仅是 0.5 毫米。胜负成败就在细微差别之中。所以，射击比赛对运动员的心理要求非常高，任何细小的情绪波动都将反应到手腕上、枪口上，并在黑色的靶心上留下不能抹去的印记。所以，运动员最好不要苛求自己。以平常心应战，这才是比赛胜利的不二法门。

　　过高地要求自己，需要拼尽全部的心力，却未必能够得到满足，这样，奋斗的过程只剩下压抑感和紧张感，乐趣全失。时间一久，内心便会产生无法排解的疲劳感，整个人就像被蛀空的大树，虽然外面看起来粗壮，稍遇大风雨就会拦腰折断。

　　人其实是一种很简单的生物，事情做成了就高兴，失败了就生气。既然如此，何必把要求定那么高呢？辛弃疾在《沁园春·将止酒戒酒杯使勿近》词中有两句话："物无美恶，过则为灾。"对自己的要求也是这样。严格要求自己，永不满足，不断上进，本是人生的进步动力，然而，给自己设下过高的目标，太过严厉地要求自己，能否达成目标不说，最起码会失去很多人生的乐趣。股神巴菲特对此深有所悟，他在提到自己的行动指南时说："我专挑那种一尺的低栏，而避免碰到七尺的跳高。"这是一种很现实的说法，也很适用于我们的生活，因为人不是芝麻，不会越榨越出油，没有人可以无所不能，铁人也有疲惫的时候。所以对我们来说，量力而行，不强求，不强取，过平常人的安稳日子，或许正是一种不错的选择。

当然，降低要求不是放纵堕落，而是指对自身能力、对能力所能取得的成果、对什么是人生乐趣做出一个合适的判断与取舍。因为，漠视个人能力的局限，一味死撑，只会劳而无功；不比较奋斗成果和所得乐趣，你永远都不知道自己的奋斗值不值得。

说到底，人生毕竟是旅途，不是谁设定好的竞赛。努力拼搏，就像在人生路上猛跑，降低要求就是放慢脚步，去看看路边的风景。终点撞线的荣光固然可羡，路边的风景也是同样的美丽，甚至比终点的光荣还有价值。

虚假不实的渴望，只能换来一场白忙

梦想总是美好而绚丽的，很多人都在为自己心中的梦想苦苦追寻。遗憾的是，能实现梦想的人很少很少。没有实现梦想的人，往往是因为一开始就做了一件自己根本就无法做到的事情，最终梦想只能变成泡影而已。

每个人的时间都是有限的，有许多事情都是不值得花费太多的时间去完成的，如果一直坚持干一件于己无益的事，对自己毫无帮助，在这种时候，适时地放弃也许才是最好的选择。

有这样一个故事：

从前有一个国王，后宫的妃子为他生了一群白白胖胖的王子，而他最宠爱的妃子却为他生了一位漂亮的公主。国王非常疼爱小公主，视如掌上明珠，从不舍得训斥半句，凡是公主想要的东西，无论多么稀罕，国王都会想尽一切办法弄来。

在国王的骄纵下公主渐渐地长大了，她开始懂得装扮自己了。一个春雨初晴的午后，公主带着婢女徜徉于宫中的花园，只见树枝上的花朵，经过雨水的润泽，花瓣上挂着几滴雨珠，越发的妖艳迷人；蓊郁的树木，翠绿得逼入人眼。公主正在欣赏雨后的景致，忽然目光被荷花池中的奇观吸引住了。原来池水热气经过蒸发，正冒出一颗颗状如琉璃珍珠的水泡，浑圆晶莹，闪耀夺目。公主完全被这美丽的景致迷住了，突发异想：

"如果把这些水泡串成花环，戴在头发上，一定美丽极了！"

打定主意后，她便叫婢女把水泡捞上来，但是婢女的手一触及水泡，水泡便破灭无影。折腾了半天，公主在池边等得愤愤不悦，婢女在池里捞得心急如焚。公主终于气愤难忍，一怒之下，便跑回宫中，把国王拉到池畔，对着一池闪闪发光的水泡说：

"父王！你一向是最疼爱我的，我要什么东西，你都依着我。女儿想要把池里的水泡串成花环，作为装饰，你说好不好？"

"傻孩子！水泡虽然好看，终究是虚幻不实的东西，怎么可能做成花环呢？父王另外给你找珍珠、水晶，一定比水泡还要美丽！"父王无限怜爱地看着女儿。

"不要！不要！我只要水泡花环，我不要什么珍珠、水晶。如果你不给我，我就不想活了。"公主哭闹着。

束手无策的国王只好把朝中的大臣们集合于花园，忧心忡忡地商议道：

"各位大臣们！你们号称是本国的智者，你们之中如果有人能够以奇异的技艺，以池中的水泡，为公主编织美丽的花环，我便重重奖赏。"

"报告陛下！水泡刹那生来，触摸即破，怎么能够拿来做花环呢？"大臣们面面相觑，不知如何是好。

"哼！这么简单的事，你们都无法办到，我平日何等善待你们？如果无法满足我女儿的心愿，你们统统提头来见。"国王生气地呵斥道。

"国王请息怒，我有办法替公主做成花环。只是老臣我老眼昏花，实在分不清楚水池中的泡沫，哪一颗比较均匀圆满，能否请公主亲自挑选，交给我来编串。"一位须发斑白的大臣神情笃定地打圆场。

公主听了，兴高采烈地拿起瓢子，弯下腰身，认真地舀取自己中意的水泡。本来光彩闪烁的水泡，经公主轻轻一触，霎时破灭，变为泡影。捞了老半天，公主一颗水泡也拿不起来。于是睿智的大臣和蔼地对一脸沮丧的公主说："水泡本来就是生灭无常，不能常驻久留的东西，如果把人生的希望建立在这种虚假不实、瞬间即逝的现象上，到头来必然空无所得。"

公主见状，便不再坚持这个过分的要求了。

学会放弃，是一种自我调整，是人生目标的再次确立。学会放弃不是不求进取，知难而退也不是一种圆滑的处世哲学。有的东西在你想要得到又得不到时，一味地追求只会给自己带来压力、痛苦和焦虑。这时，学会放弃是一种解脱。

既然放下还可以成就快乐，那么坚持就更无必要。

生活中，时刻都在取与舍中选择，人们总是渴望着取，渴望着占有，常常忽略了舍，忽略了占有的反面：放弃。懂得了放弃的真意，也就理解了"失之东隅，收之桑榆"的真谛。多一点中和的思想，静观万物，体会与世界一样博大的诗意，你自然会懂得适时地有所放弃，这正是获得内心平衡，获得快乐的好方法。

白日做梦无意义，梦想还需接地气

有些欲望是自然的，另一些欲望则是无益的，苦恼或源于恐惧，或源于无益的毫无节制的欲望。然而，倘若一个人能克制欲望，他便为自己赢得了彻悟人生的至福，若是填补欲壑，纵然是万贯家财，所带来的也不是富有，而是贫困。你之所以困难重重，乃因为忘却天性，是你为自己设置了无穷的恐惧与欲望。与其锦衣玉食却忧心忡忡，不如粗茶淡饭却无忧无虑。

人有大志，固然值得肯定，但空想不是志向，只是白日做梦而已。生活中那些崇尚空想、脱离实际、好高骛远、志大才疏的人未免可怜可叹。

看过一篇报道：一个15岁的少年为了实现自己当歌星的"梦"，

以割腕自杀为要挟逼迫父母拿钱出来送他去北京学音乐，继而离家出走，最后流落到收容站，彻底中断了学业。

有位邻居，四十几岁的模样，每天日出而歌，日落而息。与那个少年一样，多年以来他的心里始终藏着一个美丽的音乐梦，不同的是，这一路走来，他将自己的梦想融入到了平凡的生活中，在他洗漱完毕高歌那首《我的太阳》时，在他心里自己俨然就是帕瓦罗蒂。而少年，却已被自己的"梦想"所戕害。

还有一处很大的不同：中年男人的音乐梦只是为歌而歌；而少年，恐怕他的梦想并不在于艺术，而是明星身上那令人炫目的光环、粉丝那山呼海啸的呐喊，以及随之而来的无边名利。

所幸，少年还只是少年，还有机会从黄粱梦中醒来，而又有多少人迷失已久，待迷途知返时，才知道，积重已然难返。

诚然，人往高处走，水往低处流，每个人都希望自己能迅速达到成功的最高峰，这是人之常情，无可厚非。可是理想再高远，如果不是踏踏实实、一步一个脚印地往前迈，那这个理想再美好，也不过是海市蜃楼，只能空想罢了。

从哲学的角度上说，梦想未必需要伟大，更与名利无关，它应该是心灵寄托出的一种美好，人们从中能够得到的，不只是形式上的愉悦，更是灵魂上的满足。

还记得多年前央视曾报道过一个陕北女人的故事。那个30岁的女人很小时就梦想着能够走出大山，像电视中那些职业女子一样去生活。可彼时的她，有疾病缠身的老公要照顾，有咿呀学语的孩子要抚养，这个家需要她来支撑。走出大山的梦，对于一个文化程度不高、家庭负担沉重的山里女人来说，不仅遥不可及，而且也不现实。

十年之后的这个女人，满脸都是骄傲和满足。不过，她并没有走出大山，而是在离村子几十公里的县城做了一名销售员。成为都市白领的梦想，恐怕这一生都无法实现了，但取而代之的却是更贴近生活、更具现实感的圆梦的风景——她终于看到了山外的风景，也终于有了自强自立的平台。

很多时候，我们无法改变所处的客观环境，但可以改变自己，可以变通自己的思维方式和价值观念。只有敢于改变自己，不断接受新的挑战的人，才能从一个成功走向另一个成功，从一个辉煌走向另一个辉煌。有时候，一个人纵然有浩然气魄，却脱离了生活的实际，那么他的梦想也不过就是美梦一场。

梦想就像那高高飞起的风筝，你可以把它放得很高，但不要让它脱离你的掌控，有时还要尽可能地拉回奢望的线，让梦想接点地气，具有踏踏实实的烟火感。这样的人生才更具有生气和活力，这样的梦想才能得到实现的机遇。

条条大路通罗马，何必一路走到黑

俗话说：条条大路通罗马。同样的一件事，会有很多种解决方法，同样的人生，亦有很多种活法可选择。我们说坚持就是胜利，但若是

187

选择了努力的方向，则再怎么付出也是枉然。若如此，就该果断地选一条新路，懂得适时地放弃，其实也是一种进步。

如果方向错了的话，越是努力，距离真正的目标越远。这时候是考验我们内心的时候。壮士断腕、改弦更张，从来都是内心勇敢者才能做出的壮举。懂得坚持和努力需要明智，懂得放弃则不仅需要智慧，更需要勇气。若是害怕放弃的痛苦，抱残守缺，心存侥幸，必将遭受更大的损失。

有这样一个可笑的故事：

两个樵夫在山中发现两大包棉花，二人喜出望外，棉花的价格高过柴薪数倍，将这两包棉花卖掉，可保家人一个月衣食无忧。当下，二人各背一包棉花，匆匆向家中赶去。

走着走着，其中一名樵夫眼尖，看到林中有一大捆布。走近细看，竟是上等的细麻布，有十余匹之多。他欣喜之余和同伴商量，一同放下棉花，改背麻布回家。

可同伴却不这样想，他认为自己背着棉花已经走了一大段路，如今丢下棉花，岂不白费了很多力气？所以坚持不换麻布。前者在屡劝无果的情况下，只得自己尽力背起麻布，继续前行。

又走了一段路，背麻布的樵夫望见林中闪闪发光，待走近一看，地上竟然散落着数坛黄金，他赶忙邀同伴放下棉花，改用挑柴的扁担来挑黄金。

同伴仍不愿丢下棉花，并且怀疑那些黄金是假的，遂劝发现黄金的樵夫不要白费力气，免得空欢喜一场。

发现黄金的樵夫只好自己挑了两坛黄金和背棉花的伙伴赶路回家。走到山下时，无缘无故下了一场大雨，两人在空旷处被淋了个透湿。

更不幸的是，背棉花的樵夫肩上的大包棉花吸饱了雨水，重得无法再背动，那樵夫不得已，只能丢下一路辛苦舍不得放弃的棉花，空着手和挑黄金的同伴向家中走去……

当机遇来临时，不一样的人会做出不同的选择。一些人会单纯地选择接受；一些人则会心存怀疑，驻足观望；一些人固守从前，不肯做出丝毫新的改变……毫无疑问，这林林总总的选择，自然会造就出不同的结果。其实，许多成功的契机，都是带有一定隐蔽性的，你能否做出正确的抉择，往往决定了你的成功与失败。

有时候，倘若我们能够放下一些固守，甚至是放下一些利益，反而会使我们获得更多。所以，面对人生的每一次选择，我们都要充分运用自己的智慧，做出准确、合理的判断，为自己选择一条广阔道路。同时，我们还要随时随地观心自省，检查自己的选择是否存在偏差，并及时加以调整，切不要像不肯放下棉花的樵夫一样，时刻固守着自己的执念，全不在乎自己的做法是否与成功法则相抵触。

学会适时放弃，就如同打牌一样，倘若摸到一手坏牌，就不要再希望这一盘是赢家，懂得放手，不要再去浪费自己的精力。当然，在牌场上，有很多人在摸到一手臭牌时会对自己说，这盘肯定要输了，干脆不管它了，抽口烟、喝点水、歇口气，下盘接着来。但是，在真实生活中，像打牌时这般明智的人却很少找到。

其实，人生不能只进不退，我们多少要明白点取舍的道理。当你为某一目标费尽心血，却丝毫看不到成功的希望时，适时放弃也是一种智慧，或许这一变通，便为你打开了新的篇章。

张翰与欧阳晓木是大学同学，二人毕业后都想成为公务员，进入政府部门工作。一次，二人在网上看到某市委调研室的招聘信息，于是便一起报了名。

两人一同走进考场。一周过去了，成绩在网上公布，他们都落榜了。但二人丝毫没有放弃的意思，相互鼓励对方明年接着再考。第二年，他们再一次走进考场。这次，他俩都顺利通过了第一轮的笔试。接着就该准备第二轮的面试了，两个人都在积极地准备着。

面试结束一周后，入围人员名单公布，发现只有张翰一个人被录取。此时，张翰对欧阳晓木说："没关系的，你再努力一年，一定会考上！"欧阳晓木赞同地点了点头。

执着的欧阳晓木准备第三次走进考场，巨大的心理压力下，他考得比任何一次都要糟糕，至此，他开始对自己的目标进行反思，经过一番思想斗争，他决定放弃到政府工作这条道路。

在落榜后的第二天，他就鼓励自己，并告诉自己要打起精神准备开始新的生活。于是他开始找工作，没想到一切都很顺利，不到两周，他就顺利地前往一家知名外企就职去了。

人生就是在成与败之中度过，失败了很正常，失败以后不气馁、继续坚持的精神也固然可嘉，但是，不看清眼前形势、不论利弊，一味埋头傻干，那就不能称之为执着了。如此，换来的很可能是再一次的折戟沉沙。所以，请不要一条路走到黑，放开眼界，当前路被堵死时换条路走，或许你就会收获幸福。

在人生的每一次关键选择中，我们应审慎地运用自己的智慧，做最正确的判断，选择属于你的正确方向。放下无谓的固执，冷静地用开放的心胸去做正确的抉择。正确无误的选择才能指引你永远走在通往成功的坦途上。

其实有时候，退几步，就是在为奔跑做准备。有时候，松开手，重新选择，人生反而会更加明朗。衡量一个人是否明智，不仅仅要看他在顺风时如何乘风破浪，更要看他在选错方向时懂不懂得转变思路，适时停止。

考场失意，未必他处不得意

那时，王倩还是一个20岁的小姑娘，花样的年纪，花样的相貌。那年，王倩第二次参加高考，成绩依然不理想，与理科三本线有六分之差。那天，查到成绩的她心灰意冷，当晚用剪刀割腕后又喝下农药自杀，花样的女孩香消玉殒，花样的年华她还没来得及绽放。

一个年轻生命，在最美好的时期毫无意义地画上了句号，只留下亲人无尽的伤痛和世人无言的痛惜。

十年寒窗苦读，一朝高考落第，任谁心里都不会好过，对谁而言都是一个不小的打击。但高考失利并不意味着人生失败，高考只是"人生第一考"，不是"人生唯一考"，成才大路千万条，条条道路通罗马。

人，应该站在高处看生活，金榜题名不该是人生唯一的梦想，高考也不是唯一的成功通道。一个人生前死后得到什么样的评价，不取决于他在高考时的分数，而是取决于他的人生发展和社会贡献。如果把高考看作是决定自己命运的脉搏，只许成功不许失败，这个人生是很狭隘的，也是很危险的。

失利时莫失志，高考失利并不是一个终点，也许它是人生的一个新起点。

他也落榜了，那是在 1200 年前，榜纸那么大、那么长，然而，就是没有他的名字。啊！竟单单容不下他的名字"张继"那两个字。

考中的人，姓名一笔一画写在榜单上，天下皆知。奇怪的是，在他的感觉里，考不上，才更是天下皆知，这件事，令他羞惭沮丧。

离开京城吧！议好了价，他踏上小舟。本来预期的情节不是这样的，本来也许有插花游街、马蹄轻疾的风流，有衣锦还乡袍笏加身的荣耀。然而，寒窗十年，虽有他的悬梁刺股，琼林宴上，却并没有他的一角席次。

船行似风，江枫如火，在岸上举着冷冷的爝焰。这天黄昏，船来到了苏州。但这美丽的古城，对张继而言，也无非是另一个触动愁情的地方。

如果说白天有什么该做的事，对一个读书人而言，就是读书吧！夜晚呢？夜晚该睡觉了，以便养足精神第二天再读。然而，今夜是一个忧伤的夜晚。今夜，在异乡，在江畔，在秋冷雁高的季节，一个落魄的士子在放肆他的忧伤。江水，可以无限度地收纳古往今来一切不顺之人的泪水。

江上渔火二三，他们在干什么？在捕鱼吧？或者，虾？他们也会有撒空网的时候吗？世路艰辛啊！即使潇洒的捕鱼人，也不免投身在风波里吧？然而，能辛苦工作。只有我张继，是天不管地不收的一个，是既没有权利去工作，也没福气去睡眠的一个。

钟声响了，这奇怪的深夜的寒山寺钟声。一般寺庙，都是暮鼓晨钟，寒山寺庙敲"夜半钟"，用以惊世。钟声贴着水面传来，在别人，那声音只是睡梦中模糊的衬底音乐。在他，却一记一记都撞击在心坎上，正中要害。钟声那么美丽，但钟声自己到底是痛还是不痛呢？既然失眠，他推枕而起，摸黑写下"枫桥夜泊"四字。然后，就把其余28字"照抄"下来：

月落乌啼霜满天，江枫渔火对愁眠。

姑苏城外寒山寺，夜半钟声到客船。

感谢上苍，如果没有落第的张继，诗的历史上便少了一首好诗，我们的某一种心情，就没有人来为我们一语道破。

1200年过去了，那张长长的榜单上（就是张继挤不进去的那纸金榜）曾经出现过的状元是谁？哈！谁管他是谁？真正被记得的名字是"落第者张继"。有人会记得那一届状元披红游街的盛景吗？不！我们只记得秋夜的客船上那个失意的人，以及他那场不朽的失眠。

落榜了，别伤心！落榜并不可怕，路有千万条。学校不能决定你成为什么样的人，高考不能决定你的命运，决定这一切的是你自己，你才是人生的主人。

得不到你所爱的，就爱你所得的

很多时候，我们都会这样想：如果我出生在一个富贵之家就好了，衣食无忧；如果我能再漂亮一点多好，那个长腿帅哥说不定就会看上我；如果我的钱再多一点，这次投资一定能赚得更多……可是，人生没有如果。

事情是这样，就不会是别的样子。每个人都会碰到一些不快，甚至是痛苦的事情，它们既然是这样，那么就不可能是别的样子，但是我们也可以有所选择：可以接受并适应它；或者干脆就让忧虑和抱怨毁掉我们的生活。

在不能够更改的事实面前，只一味地想着"如果……如果……"无疑是非常愚蠢的。并不是每个人都有反抗命运的能力，若是无力反抗，何不坦然接受命运的安排？有了这样的洒脱，你才能活得自在自得，活得幸福快乐。

读过《傅雷家书》的人想必很多，崇拜傅聪的人也定然不少，但说起傅雷的次子傅敏，可能就没有多少人知道了。不知情的人可能会以为，这是个扶不起的阿斗，否则生在这样一个文化世家，怎么会如此籍籍无名？但《傅雷家书》正是由于傅敏的编撰，才得以传世。

　　傅敏是个很有艺术天赋的人，但对于这个天赋，父亲傅雷却并不认同。少年时的傅敏也曾为自己抗争过，他要和哥哥傅聪一样，报考音乐附中，但被严父无情地拒绝了，理由是家里只能培养一个音乐家。在那个年代，父亲的话几乎就是圣旨，他无法违逆，于是遵照父命，去教书。

　　傅雷老先生似乎将全部的爱和关注都给了大儿子傅聪，次子傅敏却连追求所爱的资格都没有，他的一生就被父亲这样独断专行地安排了。很多年以后，已成为著名钢琴家的傅聪在自传中提到，他回国无意中跟弟弟比手，发现弟弟的手比自己的更柔软，能够张得更开，这是一双有足够条件成为艺术家的手。

　　同样的环境，甚至在天赋上更胜一筹，哥哥如此耀眼，自己却被迫放弃梦想，一无所有。想必，傅敏的心一定极度难受吧？但，他说："如今，我是有二十多年教龄的中学教师了。我深深地爱上了自己的职业。"叶永烈为傅敏写的文章里说："学生是一团火。一接触天真无邪、活泼可爱的学生，傅敏心中的冰块立即融化了。"

　　傅敏这辈子不温不火，如果不是一而再，再而三地重编《傅雷家书》，他的名字几乎不会被大众提及。但他勤勤恳恳，数十年如一日投身教育事业。如果说，当初他是父命难违，心中或许带着不甘和怨愤，后来，他则深深爱上教育，甘之若饴奉献一生。他说："我为做一个中学教师而感到自豪。在外国人面前，我总是很响亮地说，我是中国的一个中学教师！"

　　独自等待，默默承受，也许还不是应对严苛命运的最好武器，最好的抵抗其实是，得不到你所爱的，就爱你所得的。面对不可改变的事实，诗人惠特曼曾经这样说道："让我们学着像树木一样顺其自然，面对黑夜、风暴、饥饿、意外等挫折。"这不是所谓的逆来顺受，也不是不思进取，而是一种积极的人生态度。

接受事实是克服任何不幸的第一步。即使我们不接受命运的安排，也不能改变事实的分毫，我们唯一能够改变的只有自己的心境。把现在作为新的起点，总结经验，储蓄力量，等待好的时机，相信自己可以在不久的将来把新的梦想实现。不要用消极的心态去报复、去等待。即使是不甘心，对那些自己力所不能及的事情进行太多的关注，反而是在浪费时间，耗费不必要的精力。既然得不到你所爱的，就爱你所得的。

攥在自己手里的，才是实实在在的幸福

人们常会出现这样一种错觉，认为那些得不到的东西才是最好的，总觉得那些够不着的东西才是最想要的。在这样一种错觉影响下，我们总是不停地仰望，不停地寻找。仰望那些看似离我们很近，实际遥遥无期的东西，寻找那镜中花，水中月。

事实上，得不到的东西未必就不可或缺。我们之所以认为它美好，只是因为在我们的思想里面常常有某种欲望，当这种欲望不能够得到满足的时候，就加倍地渴望，甚至是把它视为完美的想象，刺激我们去征服。然而，这实际上是一种煎熬。在镜花水月的迷惑下，很多人丢失了生命的真实，把生活变成了一种折磨。

有一位小学老师，一直以来过着安分守己的日子。有一天，一位从来也没有听说过的远房亲戚在国外死去了，临终指定他成为遗产继承人。

那遗产就是一个价值万金的高档服饰商店。这位老师欣喜若狂，开始忙碌着为出国做各种准备。等到一切准备就绪，即将动身，他又得到通知，一场大火烧毁了那个商店，服饰也全部变为了灰烬。

这位老师空欢喜一场，重新返回到学校上班。他似乎也变成了另外一个人，整日愁眉不展，逢人便诉说自己的不幸："那可是一笔很大的财产啊，我一辈子的工资还不及它的零头呢。"

"你不是和从前一样，什么也没有丢失吗？"他的一个同事问道。

"这么一大笔财产，怎么能够说什么也没有失去呢？"小学老师心疼得叫起来。

"在一个你从来都没有到过的地方，有一个你从来都没有见过的商店遭了火灾，这与你有什么关系呢？"那个同事劝他看开些。

可是不久以后，这位小学老师还是得了忧郁症死去了。在他没有得到的时候，他总是认为拥有了那个高档服装店之后的生活会是多么的完美无缺，于是他在这种想象当中就被折磨而死了。如果他换一种心态，不对那个高档服饰店过于期盼的话，也许就不至于落得如此悲惨的下场。

其实，如果一味地贪恋从来没有拥有过的东西，那么就会让自己被那些无谓的占有欲弄得闷闷不乐。未曾拥有的东西终究是虚无缥缈的，没有它，一样可以安安心心地活下去，甚至会活得更轻松、更美好。

一个男孩曾经爱上了一个女孩，他想尽办法讨女孩子的欢心。他认为女孩子是他心目当中的神，天使一般的温柔、漂亮、体贴、可爱。他总是千方百计地打听女孩子的喜好，尽量满足她的需求，每天都是这样，不辞劳苦。

　　可是，女孩子的心里已经有了别的男孩子，就一直没有答应他，一次次地拒绝他。越是这样，男孩子就越把她想象得更加美好，摆出一副非她不娶的架势。

　　终于，男孩子用了半年的时间追上了那个女孩子。这个时候，女孩子处于失恋的状态。男孩子和女孩子相处的时候，才发现女孩子并没有他想象中那么完美。

　　交往之后，他才发现女孩子睡觉的时候习惯打呼噜，男孩子很是不悦。

　　终于有一天，女孩子如母老虎般地对男孩子大发脾气，男孩子也下定决心要离开她。他实在不能忍受她的种种毛病，他想，表面看上去一个如此完美的女孩子，怎么会是这样的呢？

　　于是男孩子长叹一声，说："真是想象欺骗了我啊。"有些东西当我们得不到的时候，我们总是对其充满了幻想；等我们得到之后，很容易就发现了它的缺点，然后自然也就失去了兴趣。我们的心态往往就是这样，喜欢费尽心思去追求不属于自己的东西；真的得到了，就会放在眼前不屑一顾了；等失去了再去后悔，那个时候就显得太晚了。

　　行走红尘，别迷失了方向，别被不切实际的想法左右了行动，给心灵腾出一方空间，给人生腾出一条宽路，让那些够得着的幸福安全抵达。记住，攥在自己手里的，才是实实在在的幸福。

第十辑
什么事情都想干，这个世界你干不完

　　每个人都有五个不停旋转的球：工作、健康、家庭、朋友和灵魂。工作是橡胶球，掉下去会弹起来；而另外四个都是玻璃球，掉了，就碎了。

世味浓，不求忙而忙自至

我们终日为名利奔波，将自己弄得如同一部高速运转的机器一般，还以为自己是如何的有拼劲、如何的吃苦耐劳，到头来，是拿着年轻时赚的钱为自己的健康买单。

饥来吃饭，困来即眠，简单、自然就是福气，可是，又有几人能够遵循这最基本的常识呢？该吃饭时，为了工作、为了减肥，忍饥挨饿；不该吃饭时，虽然酒足饭饱，为了应酬硬要大吃大喝，结果落得一身病患。睡眠呢？同样得不到保证，还是为了加班、为了所谓的应酬，常常熬夜、赶通宵，时间久了又怎能不生病？

其实，人们吃不香、睡不着，还是因为精神压力太大、负累太多。房子总是觉得太小，车子总感觉没别人的好，钱怎么赚都嫌少。一个欲求得到满足，马上便会衍生出下一个欲望，得不到就想要，得到了又怕失去，总是患得患失，心态无法达到平衡，因而寝食难安，时时都在烦恼。

这时，我们需要简约一下自己的内心，因为简单是福。

在墨西哥海岸边，有一个美国商人坐在一个小渔村的码头上，看着一个墨西哥渔夫划着一艘小船靠岸，小船上有好几尾大黄鳍鲔鱼；

这个美国商人对墨西哥渔夫抓这么高档的鱼恭维了一番，问他要多少时间才能抓这么多？

墨西哥渔夫说："才一会儿工夫就抓到了。"美国人再问："你为什么不待久一点，好多抓一些鱼？"墨西哥渔夫觉得不以为然："这些鱼已经足够我一家人生活所需啦！"美国人又问："那么你一天剩下那么多时间都在干什么？"

墨西哥渔夫解释："我呀，我每天睡到自然醒，出海抓几条鱼，回来后跟孩子们玩一玩，再跟老婆睡个午觉，黄昏时晃到村子里喝点小酒，跟哥们儿玩玩吉他，我的日子可过得充满又忙碌呢！"

美国商人对他的做法不以为然，帮他出主意说："我是美国哈佛大学企管硕士，我倒是可以帮你忙！你应该每天多花一些时间去抓鱼，到时候你就有钱去买条大一点的船。自然你就可以抓更多鱼，再买更多渔船。然后你就可以拥有一个渔船队。到时候你就不必把鱼卖给鱼贩子，而是直接卖给加工厂。或者你可以自己开一家罐头工厂。如此你就可以控制整个生产、加工处理和行销。然后你可以离开这个小渔村，搬到墨西哥城，再搬到洛杉矶，最后到纽约。在那里经营你不断扩充的企业。"

墨西哥渔夫问："这要花多少时间呢？"：

美国人回答："15 到 20 年。"

墨西哥渔夫问："然后呢？"

美国人大笑着说："然后你就可以在家当皇帝啦！时机一到，你就可以宣布股票上市，把你的公司股份卖给投资大众。到时候你就发啦！你可以几亿几亿地赚！"

墨西哥渔夫问："然后呢？"

美国人说："到那个时候你就可以退休啦！你可以搬到海边的小渔村去住。每天睡到自然醒，出海随便抓几条鱼，跟孩子们玩一玩，再跟老婆睡个午觉，黄昏时，晃到村子里喝点小酒，跟哥们儿玩玩吉他。"

墨西哥渔夫说："我现在不是已经这样了么？"

一生中拥有的内容太多太乱，使心思复杂，无形中增加了很多压力，困惑随之增多，也就妨碍了正常的生活，也损害了自己。

世界上的事，无论看起来是多么复杂神秘，其实道理都是很简单的，关键在于是否看得透。生活本身是很简单的，快乐也很简单，是人们自己把它们想得复杂了，或者人们自己太复杂了，所以往往感受不到简单的快乐，他们弄不懂生活的意味。

睿智的古人早就指出："世味浓，不求忙而忙自至。"所谓"世味"，就是尘世生活中为许多人所追求的舒适的物质享受、为人欣羡的社会地位、显赫的名声，等等。今日的某些人追求的"时髦"，也是一种"世味"，其中的内涵说穿了，也不离物质享受和对"上等人"社会地位的尊崇。

可怜的某些人在电影、电视节目以及广告的强大鼓动下，"世味"一"浓"再"浓"，疯狂地紧跟时髦生活，结果"不知不觉地陷入了金融麻烦中"。尽管他们也在努力工作，收入往往也很可观，但收入永远也赶不上层出不穷的消费产品的增多。如果不克制自己的消费，不适当减弱浓烈的"世味"，他们就不会有真正的快乐生活。

生活简单，没有负担。与其困在财富、地位与成就的迷惘里，还不如过着简单的生活，舒展身心，享受用金钱也买不到的满足来得快乐。

知足常足，终身不辱；知止常止，终身不耻

人生有无限的机会、无限的力量、无限的潜能、无限的意义。可以说，人生就是一个"无限"。但是，我们也不能因为无限，就毫无顾忌，妄肆而为。有时候，更应该有个"适可而止"的人生。强开的花难美，早熟的果难甜，天地的节气岁令，总有个时序轮换。悬崖要勒马，尸祝不代庖，举凡吾人的行事，也要有个分寸拿捏。"适可而止"的人生，实在可以作为座右铭的参考。

在生活悲欢离合、喜怒哀乐的起承转合过程中，我们应随时随地、恰如其分地选择适合自己的位置。先贤说"贵在时中"，时就是随时，中就是中和，所谓时中，就是顺时而变，恰到好处。正如孟子所说的："可以仕则仕，可以止则止，可以久则久，可以速则速。"鉴于人的情感和欲望常常盲目变化的特点，讲究时中，就是要注意适可而止，见好就收。一个人是否成熟的标志之一是看他会不会退而求其次，退而求其次并不是懦弱畏难。当人生进程的某一方面遇到难以逾越的阻碍时，善于权变通达，心情愉快地选择一个更适合自己的目标去追求，这事实上也是一种进取，是一种更踏实可行的以退为进。古人说："力能则进，否则退，量力而行。"一味逞能实在是我们经营人生的大忌，当我们在一种境地中感到力不从心的时候，退一步或许就是海阔天空。

其实，人生很需要讲究一下"恰到好处"，这是一种什么样的意

境呢？就是"美酒饮到微醉处，好花看到半开时"。明人许相卿也说："富贵怕见花开。"此语殊有意味。言已开则谢，适可喜正可惧。做人要有一种自惕惕人的心情，得意时莫忘回头，着手处当留余步。此所谓"知足常足，终身不辱，知止常止，终身不耻"。宋人李若拙因宦海沉浮，作《五知先生传》，谓做人当知时、知难、知命、知退、知足，时人以为智见，反其道而行，结果必适得其反。

然而尘世间，君子好名，小人爱利，大抵如此。可叹，人一旦为名利驱使，往往身不由己，只知进，不知退。尤其在中国古代的政治生活中，不懂得适可而止，见好便收，无疑是临渊纵马。中国的君王，大多数可与同患，难与处安。所以做臣下的在大名之下，往往难以久居。故古人早就有言在先："功成，名遂，身退。"范蠡乘舟浮海，得以终身；文种不听劝告，饮剑自尽。此二人，足以令中国历史臣宦者为戒。不过，人的不幸往往就是"不能知足"。

人在世上，知足就能常乐，见好就收，才是真正的聪明。《红楼梦》中第一回就讲"因嫌纱帽小，致使锁枷扛"。这不就是贪婪的结果？曾听朋友说起这样一件事，颇觉有趣：他的姑婆，一位思想守旧的老人家，一生没有穿过合脚的鞋子，她那鞋总是最大号的。儿孙辈们不解，就问她，她是这样回答的："大鞋小鞋都花一样的钱，为什么不买大的？"

每每朋友说起这件事，总有一些人笑得直不起腰。但事实上，我们之中很多人就有姑婆这样的思想：明明身处不甚寒冷的南方，却偏偏要人给买貂绒大衣，结果显得那样不伦不类；明明肠胃不好，有人请吃海鲜就大快朵颐，结果身体受罪……这些人总是想着能多占就多占，其实只是被内在贪欲推动着，就好像买了特大号的鞋子，忘了自己的脚一样。事实上，无论买什么鞋子，合脚才是最好，不论追求什么，最好还是适可而止。

然而，放眼看世间：权力场上你争我斗，生意场上尔虞我诈，感情场上三心二意，股票场上得陇望蜀，最后往往都落得个鸡飞蛋打、人仰马翻，这不就是不知见好就收的结果。正所谓"知止所以不殆"，人的欲望沟壑永远也填不满，谁若是一味地追求欲望，那么一生都不会体会到满足的幸福。

这世上没有常青树，也没有常胜将军，在人生这段旅程上，此一时有此一时的想法，彼一时有彼一时的境遇，环境在变，人就要随着应变，以求做出最好的自我调整。无疑，"适可而止，见好就收"的心态，更能令我们清晰地认知外界的这种变化。

大千世界，潮涨潮落，阴晴圆缺，成败得失，悲欢离合，万物自有其自身的发展规律，许多时候并不是人力所能转移的，如果我们固执于此，岂不是自己给自己添堵？"深信高禅知此意，闲行闲坐任荣枯"，看看这是一种多么洒脱的境界，做人做事当能及此一二，人生必是另一番皆大欢喜的大好局面。

不要等砖块丢过来，
才知道自己的脚步迈得太快

人生只有三天，活在昨天的人迷惑，活在明天的人等待，只有活在今天最踏实。但是，今天，你别走得太快，否则，将会错过一路的好风景！

205

现代人看起来实在太忙了，许多人在这忙碌的世界上过活，手脚不停，一刻不得空闲，生命一直往前赶；他们没有时间停一停，看一看，结果，使这原本丰富美丽的世界变得空无一物，只剩下分秒的匆忙、紧张和一生的奔波、劳累。

一天，一位年轻有为的总裁，以比较快的车速，开着他新买的车经过住宅区的巷道。他时刻小心在路边游戏的孩子会突然跑到路中央，所以当他觉得小孩子快跑出来时，就要减慢车速，以免撞人。

就在他的车经过一群小朋友身边的时候，一个小朋友丢了一块砖头打到了他的车门，他很生气地踩了刹车后并退到砖头丢出来的地方。他跳出车，用力地抓住那个丢砖头的小孩，并把他顶在车门上说："你为什么这样做，你知道你刚刚做了什么吗？真是个可恶的家伙！"接着又吼道："你知不知道你要赔多少钱来修理这辆新车，你到底为什么要这样做？"

小孩子央求着说："先生，对不起，我不知道我还能怎么办？我丢砖块是因为没有人肯把车子停下来。"他边说边流下了眼泪。

他接着说："因为我哥哥从轮椅上掉了下来，我一个人没有办法把他抬回去。您可以帮我把他抬回去吗？他受伤了，而且他太重了我抱不动。"

这些话让这位年轻有为的总裁深受触动，他抱起男孩受伤的哥哥，帮他坐回轮椅，并拿出手帕擦拭他哥哥的伤口，以确定他哥哥没有什么大问题。

那个小男孩万分感激地说："谢谢您，先生，上帝会保佑您的！"

年轻的总裁慢慢地、慢慢地走回车上，他决定不修它了。他要让那个凹坑时时提醒自己，"不要等周遭的人丢砖块过来了，才注意到生命的脚步已走得太快"。

当生命想与你的心灵窃窃私语时，若你没有时间，你应该有两种选择：倾听你心灵的声音或让砖头来砸你、提醒你！

有一位老人，年轻的时候汲汲营营，每天都工作超时，拼命地赚钱。

节假日，同事们带孩子度假，他却到小贩朋友的店铺帮忙，以赚取额外收入。原本计划在还完房屋贷款后，便带孩子们到邻近的泰国玩玩。可是，三个孩子慢慢长大，学费、生活费也越来越高。于是他更不敢随意花钱，便搁下游玩一事。

大儿子大学毕业典礼后一个星期，夫妻俩打算到日本去探亲。可是，在起程前两天的早晨，醒来时，他突然发现枕边的老伴心脏病发作，一命归天了。

这是怎样的遗憾？你是否也因为生活太快、大忙碌而忽略了你所爱的人呢？

其实，人不是赛场上的马，只懂得戴着眼罩拼命往前跑，除了终点的白线之外，什么都看不见。我们不必把每天的时间都安排得紧紧的，应该留下空闲来欣赏四周的风景，来关心身边的人。

慢下来，别让压力毁了你

人们常说："有压力才有动力。"适度的压力促使人们超水平发挥。它可以使我们心跳加快、呼吸加速、血压增加、加速血液循环，使我们能有效地对付或逃离危险。但是，长期处于压力之下，也会给健康带来隐患，如果你长期承受超负荷的压力，就会耗尽恢复元气的体力。中医很早就有"抑郁成疾"、"气滞血淤"的说法，如何化解这些繁重的压力，让心灵放松，让自己体会到生活的快乐，便成为现代人必须面对的新课题。

有位医生在替一位卓越的实业家进行诊疗时，劝他多多休息，因为他的健康已经受到了严重的威胁。"我每天承担着巨大的工作量，没有一个人可以分担一丁点的业务。大夫，你知道吗？我每天都得提一个沉重的手提包回家，里面装的是满满的文件呀！"病人无奈地说道。

"为什么晚上要批那么多文件呢？"医生惊讶地问。

"那些都是必须处理的急件。"病人不耐烦地回答。

"难道没有人可以帮你的忙吗？助手呢？"医生问。

"不行呀！只有我才能正确地批示呀！而且我还必须尽快处理完，要不然公司怎么办呢？"

"这样吧！现在我开一个处方给你，你能否照着做呢？"医生思考了一会儿说。

处方规定：每天散步两小时；每星期空出半天时间到墓地去一趟。

病人莫名其妙地问道："为什么要在墓地待上半天呢？"

医生不慌不忙地回答："我是希望你四处走一走，瞧一瞧那些与世长辞的人的墓碑。你仔细思考一下，他们生前也与你一样，认为全世界的事都得扛在双肩，生活的幸福就是要靠他们一刻不停地工作来获取的，如今他们全都长眠于黄土之下，也许将来有一天你也会加入他们的行列。然而，整个地球的活动还是永恒不停地进行着，而其他世人则仍是如你一样继续工作。我建议你站在墓碑前好好地想一想这些摆在眼前的事实，看清楚你以健康为代价换来的生活是否让你觉得幸福。"

医生这番苦口婆心的劝说，终于敲醒了病人的心灵，他依照医生的指示，放慢生活的步调，并且转移了一部分职责。他知道生命的真谛不在于急躁或焦虑，他的心态已经平和，健康得到了改善，当然事业也蒸蒸日上。

日有日的规律，月有月的循环，年有年的往复，万事万物都有它自然的节奏，我们的身体也不例外。可以说，生物节律与我们的健康关系十分密切。人和自然是统一的整体，存在着神秘而微妙的对应关系，我们的生理活动随着昼夜交替、四季变化，也在进行着周期性的节律活动。

现代生活节奏不断加快，我们也在加快着自己的步伐，对于工作想用最短的时间获取最大的收获，对于娱乐休闲也想依此处理。然而，我们得到的却是越来越重的压力，似乎有永远也处理不完的事务、短暂而且无益的休闲、混乱的生物钟、提早衰老的身体……

随着健康的远离，我们甚至没有时间停下来想一想，生活的真谛在哪里？我们不否认"人应该努力工作"，但是在追求个人成就的同时，不应该舍弃自己的健康，否则就称不上高品质的生活。工作的同时也要学会娱乐，什么时候你学会为自己减压了，才能真正过上快乐幸福的生活。

别为工作牺牲所有，你不是生活的牛马

在竞争激烈的社会里，人们无时无刻不绷紧了一根弦：努力工作，仿佛如果他们稍有松懈停下来时，就会被淘汰掉一样。其实，这只是一种不必要的压力而已，只有首先懂得从外在压力之中解脱出来，给自己安排一个合理的规划，你才能在未来的竞争中获得胜利。

回忆一下自己每天的状态：

除了节假日（有时也包括），你是否从来都是天还未亮就离开家去赶早班的公交车？

上班的日子里，你几乎从不奢望在正常的下班时间，比如 16 ： 30 或 17 ： 00、17 ： 30 能离开公司？

最近你加班加点的时间越来越多了，甚至不得不把工作带回家来做，可是除了疲惫你没有丝毫的成就感？

回到家中，你还有精力和自己家人聊天吗？

你的颈椎和腰部是否在最近时常酸痛呢？

你失眠吗？或者干脆把脑袋搁在办公桌上就算"睡"了一夜？

除了对你的电脑或是网络游戏产生兴趣外，你再也不希望走出家门或邀请朋友一起聊天、旅游了？

如果对于上述的问题，你已经有了明确和肯定的回答，哪怕只有一两条，我也可以告诉你，你工作得已经太多了。

也许你会无奈地说，我受雇的是属于高度竞争的行业，如果不超时工作的话就无法赢过别人，无法在职业竞争中获得一席之地，所以就必须全力以赴，别无选择。可事实是，你有所选择，却不得不这样做。工作的过多意味着你要投入更大的体力和精力。如果总是陷入繁重的工作中挣脱不出，早晚有一天你的精神和身体会同时抗议甚至崩溃，这绝不是危言耸听。

在工作中，你是不是总是感觉到胸闷、心悸或者一种疼痛突然地涌上心头？你是不是精神恍惚，记不清什么好像十分重要的东西？你是不是疲劳得每天依赖药物和补品才觉得生命得以维持下去？你是不是总是一不小心就在自己的指头上切个小口子，却过一会儿才发觉疼痛？

看，你因工作的压力过大而表现出来的生理现象有多可怕！如果你不及时留心自己的这些身体警报，总有一天会有惨剧降临在你的身上。到了那个时候就难以挽回了。

清算一下你的工作任务和时间，真的有值得为它们牺牲所有之处吗？是不是你对自己有太多的要求呢？还是原本你的老板就要求你成为他们的工作机器？

对待前两个问题你需要坐下来重新审视一下自己，考虑一下到底不满足和有所需求的地方在哪里。至于最后一个问题你要毫不犹豫地炒了这位老板的鱿鱼，另找新东家或干脆为自己卖命，因为把身家性命放在自己身上要划算得多。

在职场上，想要让自己永远像个不知疲倦的机器人，你干脆直接喝汽油算了。一个人，有的只是血肉之躯，不是钢筋铁骨。消耗生命是件太容易不过的事，不过，壮烈"牺牲"在繁多的工作下，响应"过劳死"的号召真的是做了一件愚蠢至极的事情。

当你的伴侣、同事和朋友对你说"伙计，别那样，放轻松点"时，拜托，千万要接受，如果你真的不想被压倒在工作之下。

几乎没有人是天生的工作机器。如果工作程度果真超出了自己的承受范围时，聪明人是不会让自己拼命去赶上进度和步伐的。相反，他们却想方设法让工作跟上自己的节拍。实在不行，干脆放弃，"以退为进"，反思自己，选择另一条路。他们懂得，唯有暂时放下一些东西才会有所收获，错过太阳，你照样可以得到整个星空。

曾经有个年轻的建筑师，每天不得不拿出自己全部的时间和精力来完成老板交代的看起来似乎永远都做不完的工作任务。他用尽了心思，但却无法从自己的作品中得到任何快乐和成就感，相反，总有要崩溃的感觉。原因是无论他如何努力，他都无法超越前辈们出色的建筑设计，只能跟在大师后面亦步亦趋。

在他沮丧了一段时间后决定放下手头繁多但收入丰厚的工作，带上所有积蓄去游览全世界的著名建筑。

当他跋山涉水走过一个又一个城市，游览了一个又一个国家的雄伟建筑，最后来到金碧辉煌的泰姬陵时，他被彻底地征服了。

从此后，他的灵感如泉水般喷薄而出，完成了一个又一个的出色的建筑设计。

这个年轻人也因他的这些心血的结晶而闻名于世了。

人们在工作中如果要有所得，就不要给自己背上过多的包袱。否则，当连你自己都觉得自己是一部机器而不是人的时候，别说还有什么发展前途，你基本上已经完了。

我们常常认为自己能胜任，能做得更多，能人所不能，凭这点也可以让老板对你青睐有加。可是你错了，当生命被繁重的工作圈固起来时，外面的世界也就不会对你美好地微笑了。你会在一点一滴地浪费自己的时间。如果你以清醒的头脑挣脱出来时，会惊奇地发现，世界或许会变得有你努力的方向了，那么，为什么不趁现在去求得更大范围的发展呢？

现在，让我们深呼吸一下，对待面前堆积如山的工作，要这样：

确认工作的重要性，挑选值得自己为之付出心血和汗水的工作扎扎实实地认真完成，"不合格"的统统靠边站。

烦琐的工作要么请求别人帮忙完成，要么用"比赛法"将它解决掉。即你准备上午完成多少，下午要比上午完成得多，第二天上午要努力比昨天全天完成得多……这样的话，用不了多久恼人的活儿就会向你缴械投降，然后你就可以不动声色地腾出一大块时间用来休息了！

重新研究你的工作周期，选择今天最有精神的时间去完成工作，以保证高效率，并且不要轻易放弃这个周期。

找到真正适合自己的公司。你要对你自己负责而不是替公司卖苦力。

学会对老板说"不"。当老板看到你已经把日程表安排得满满的，他（她）就不会经常让你做这做那了。当然，如果他（她）没看到的话就要主动让他们知道。

对繁重的工作说再见吧，要知道，工作的数量并不能让你快乐，要紧的是它的质量令你是否满意。学会放弃，学会选择，你离你的人生目标就会更接近一步。别把自己迷失在多做了工作的压力之中了。

把假日还给家人，你要维护这个港湾的温暖

一位爸爸下班回家已经很晚，他感觉很累并且有些烦，他发现五岁的儿子正靠在门旁等着自己。

"爸爸，我可以问你一个问题吗？"

"什么问题？"

"您一小时可以赚多少钱？"

"这与你无关，你为什么问这个问题？"父亲有些不耐烦。

"我只是想知道，请告诉我，你一小时赚多少钱？"小孩哀求。

"假如你一定要知道的话，我一小时赚20美金。"

"喔，"小孩低下了头，接着又说，"爸，可以借我十美金吗？"

父亲发怒："如果你问这个问题，只是为了借钱去买毫无意义的玩具，给我马上回到你的房间，好好想想为什么你会那么自私。我每天加班加点地工作，我很累！没时间和你玩小孩子的游戏。"

小孩静静地回自己房间，并关上了门。

父亲坐下以后还在生气。大约过了一小时，他已然平静下来，他觉得自己对孩子似乎太凶了点——或许孩子真的很想买什么东西，再说他平时很少要过钱。

父亲走进儿子的房间："你睡了吗，孩子？"

"哦，爸爸，我还没睡。"小孩回答。

"我刚刚可能对你太凶了。"父亲说，"我将一天的压抑发泄到了你身上，对不起！——这是你要的十美金。"

"爸爸，谢谢你。"小孩欢叫着从枕头下拿出一些被弄皱的钞票，慢慢地数着。

"为什么你已经有钱了，却还要向我要？"父亲又有些生气。

"因为之前还不够，但现在够了。"小孩回答，"爸，我现在有20美金了，我可以向你买一个小时的时间吗？明天请早一点回家——我想和你一起吃晚餐。"

与你所爱的人分享这个故事，与你的家人分享这价值20美金的时间。辛苦而繁忙的工作常常让我们忽视了生命中最宝贵的亲情，失去了亲人的爱和依恋，那我们的工作又有什么意义？

事实上，现代人的假日并不少，我们完全可以有更多的时间陪伴家人，可是，偏偏有些人就是停不下来，因为他们有太多的事充斥着假日空间。这样对待你的时间，很容易产生一种后果，就是家庭面临的"分崩离析"。如果你是双收入家庭，那么"家"在某种意义上倒像个冷冰冰的旅馆，丝毫没有温情可言，所以，要记得，把假日还给家人，然后充分体味这种幸福吧！

一个周末，某人应一位身任总经理之职的同学的邀请，去参加一个饭局。酒足饭饱之后，又去唱歌。在KTV包厢里，这位总经理的手机突然响了，他打开了手机，里面传来一个小女孩奶声奶气的声音："爸爸，你怎么还不回家？我想你，妈妈也想你……我已经好几个周末都没你陪着去动物园看动物了。"这位总经理一怔，知道对方打错电话了，他没有这么奶声奶气的女儿，他的儿子正在国外的大学里读书。他刚想说，你打错电话了，我不是你爸爸。但他愣了一下，没有说，不由自主地随声应道："你……你是……""我是宝宝啊，爸爸，我是宝宝。""乖……好，爸爸马上就回家……告诉妈妈，爸爸马上就回家……"随后，这位同学一言不发地坐在那里，大伙儿也不明白发生了什么事情，须臾，这位老兄向大伙儿抱歉地告辞："对不起，我家有点儿事，我先走一步，失陪了，不好意思，实在不好意思。"

事后，讲起这件事，他说："就在和小女孩对话的那一刻，一种对孩子、对妻子的愧疚感蓦地袭上心头，我一时也不想耽搁，必须马上回家。说真的，我都不知道自己有多久没在家里过周末了，应酬占据了我所有的假日……"

无论何时，家都是你最温暖的依靠，应酬也好，聚会也罢，千万不要把休假的日子全浪费在上面。它们所给你的，除了疲惫只剩下空虚了。并不是说，你要为了家庭而放弃所有的朋友间的往来，只是说，不要忽视你的家人，别等失去他们了才后悔。

懂一点懒人哲学

有的朋友说："真觉得很累，生活真没劲！刚毕业的时候，什么都没有，却很快乐。现在什么都有了，快乐却没了！"这句话说出了很多人的心声。生活就是这么矛盾，好像拥有得越多，心就越疲惫，既然如此，为什么不让自己生活得简单一点，让心自由一点呢？

　　这里所说的简单生活，应该有两个方面的含义。一个是我们可以利用简单的工具，完成我们的工作，像狗一样，直线扑击兔子。另一个就是我们的生活态度可以简单一些，可以单纯一些，主要是对物质的要求简单一些，就是像狗一样，有根骨头啃啃就足矣，而把更好的心情和体验留给大自然，留给自己的心性和自己真正想要的生活。

　　这个世界本来就是多极的，有人喜欢奢华而复杂的生活，有人喜欢简单甚至是返璞归真的生活。当人性中的浮躁逐渐被时间消解了的时候，人们似乎更喜欢简单的生活，这是一种趋势。

　　衣食住行一直是人们企图高度满足的四个方面。只是眼下无论在西方，还是在东方，总有一些人，不仅对物质的要求变得简单，住简单而舒适的房子，开着简单而环保的车，而且处理现实的工作时，也在追逐简单而实用的方式，用现代科技带给现代人的简单工具，"修改"着自己的工作和生活。出门带着各种银行卡，走到哪里刷到哪里，揣着薄薄的笔记本电脑，走到哪里工作到哪里，甚至在厕所里也可以打开电脑处理一些日常工作，并从这些简单中得到无限的乐趣。

　　不过，人们为了追求简单的生活，往往会付出很大的代价。首先，是精神上或观念上的代价。中国改革开放 30 年来，一些人突然富有起来，但是富起来的人面对眼花缭乱的财富，就有点手足失措，有些人竭力去追求奢华，似乎想把过去贫困时期的历史欠账找回来。社会学家对这一时期"奢华"的解释是，中国人过去太穷了，"暴吃一顿"也算是一种心理补偿。每个正在发达的社会都会有这一阶段，就是暴发户被大量批发出来的阶段，是一个失去了很多理性的阶段。到了现在，社会理性逐渐恢复，人们对生活和消费也逐渐变得理性。追求简单的生活方式，就是一些为了格调而放弃奢华的人的重新选择。

另一个代价就是人们在技术上的投入代价。为了满足人们日益追求简单生活的需求，那些抓住一切机会创造财富的商人们都付出了极大的开发成本。如电脑厂商把电脑做得越来越小，这种薄小是需要付出较大研发成本的。

　　很多看起来简单的东西都是人们花费了很多心血折腾出来的，是这些人的心血让我们的生活变得简单而开阔。

　　节奏紧张的现代社会，各种各样的压力让人苦不堪言。像"我懒我快乐"、"人生得意须尽懒"等"新懒人"主张的出现，就一点不奇怪了。"新懒人主义"本着简洁的理念、率真的态度，从容面对生活，探究删繁就简、去芜存菁的生活与工作技巧。

　　一本《懒人长寿》的国外畅销书说，要想获得健康、成就与长久的能力，必须改变"不要懒惰"的想法，鉴于压力有害健康，应该鼓励人们放松、睡点懒觉、少吃一些等。其主要观点是，"懒惰乃节省生命能量之本"。我们以为，这不但是养生观念，更是成功理念。

　　"我懒我快乐"的懒人哲学，即使无力改变这劳碌社会的不理智、不健康倾向，起码亮出了一份鲜明有个性的态度——懒人控制不了整个社会，却能控制自己的欲望。古人说："从静中观动物，向闲处看人忙，才得超凡脱俗的趣味；遇忙处会偷闲，处闹中能取静，便是安身立命的功夫。"

　　其实，就算我们真的很想成功，也没有必要让自己活得太累，时不时地给自己放放假，把自己的任务分成一个一个的小任务分配给别人一部分，然后尽可能控制自己对物质生活的欲望，我们就会在瞬间轻松很多。其实快乐就是这么简单，只要我们能够经营好自己的生活，放下心中的重负，你就可以轻而易举地得到它。

第十一辑
不羡慕别人，不怠慢自己

　　其实，在这个五光十色的世界，不羡慕别人，不怠慢自己。安然地过自己喜欢过的日子，就是最好的日子；自己喜欢的活法，就是最好的活法。

别让外界浮躁了自己

　　这世间本不存在绝对的完美，在人生旅途中，有太多的未知因素影响着我们，这其中既有顺境亦有逆境。或许此时，我们风生水起、无往不利；或许彼时，我们步履艰难、如履薄冰。面对人生中的林林总总，倘若我们能够抱持"任凭风浪起，稳坐钓鱼船"的态度，将心置于安定之中，不随外物流转而变动，我们的生活就会潇洒许多。

　　从前有一位神射手，名叫后羿。他练就了百步穿杨的好本领，立射、跪射、骑射样样精通，而且箭箭都能正中靶心，从来没有失过手。人们争相传颂他高超的射技，对他敬佩有加。

　　夏王也对这位神射手的本领早就有所耳闻了，很是希望看到他的表演。于是有一天，夏王将后羿召入宫中，要后羿单独给他一个人表演一番，以便尽情领略他那炉火纯青的射技。

　　夏王命人将后羿带到御花园，寻了一处开阔地，叫人拿来了一块一尺见方、靶心直径大约一寸的兽皮箭靶，并用手指着说："今天请你来，是想请你展示一下你那精湛的射箭本领，这个箭靶就是你的目标。为了使这次表演不至于因为没有竞争而沉闷乏味，我来给你定个赏罚规则：如果射中了，我就赏赐给你黄金万两；如果射不中，那就要削减你1000户的封地。现在请先生开始吧。"

后羿听了夏王的话，一言不发，面色变得凝重起来。他慢慢走到离箭靶100步的地方，脚步显得相当沉重。然后，后羿取出一支箭搭上弓弦，摆好姿势拉开弓开始瞄准。

想到自己这一箭出去可能发生的结果，一向镇定的后羿呼吸变得急促起来，拉弓的手也微微颤抖，拉弓数次都没有将箭射出去。最后，后羿终于下定决心松开了弦，箭应声而出，"啪"的一声钉在距离靶心足有几寸的地方。后羿脸色瞬息苍白起来，他再次弯弓搭箭，精神却更加难以集中，射出去的箭也就偏得更加离谱。

后羿收拾弓箭，勉强赔笑向夏王告辞，悻悻地离开了王宫。夏王在失望的同时掩饰不住心头的疑惑，于是问手下道："这个神箭手后羿平时射起箭来百发百中，为什么今天跟他定下了赏罚规则，他就大失水准了呢？"

手下解释说："后羿平日射箭，不过是一般练习，在一颗平常心之下，水平自然可以正常发挥。可是今天他射出的成绩直接关系到他的切身利益，叫他怎能静下心来充分施展技术呢？看来一个人只有真正把赏罚置之度外，才能成为当之无愧的神箭手啊！"

利益之下，人往往会患得患失，倘若过分计较自己的利益，则成功必然会与我们相距甚远。从后羿身上，我们应该认识到——人，无论在何种情况下，都要尽量保持平常心。

在现实生活中，我们常自以为如何、如何才是最好，但事与愿违的事情时有发生，往往令我们意不能平。其实，我们所拥有的，无论是顺境还是逆境，都是上天对于我们最好的安排。倘若能够认识到这一点，你便能在顺境中心存感恩，在逆境中依旧心存喜乐。

然而，在某些人的内心深处，总是有那么一股力量使他们茫然，令他们感到不安，让他们的心灵一直无法归于宁静，这种力量就是浮躁！浮躁不仅是人生的大敌，而且还是各种心理疾病的根源所在。

相传古时有兄弟二人，他们都很有孝心，每日上山砍柴换钱为老母亲治病。

一位神仙为他们的孝心所感动，决定帮助他们。于是神仙告诉二人说，用四月的小麦、八月的高粱、九月的稻、十月的豆、腊月的雪放在千年泥做成的大缸内，密封七七四十九天，待鸡叫三遍后取出，汁水可卖大价钱。

兄弟两人各按神仙教的办法做了一缸。待到49天鸡叫二遍时，老大耐不住性子打开缸，一看里面是又臭又酸的水，便生气地洒在地上。老二则坚持到了鸡叫三遍后才揭开缸盖，发现里边是又香又醇的酒。

"洒"与"酒"只差一横，只早了那么一小会儿，便造就了两种截然不同的命运。人生在世，必要时，我们需要在心中添上一把柴，以使希望之火燃得更加旺盛；有些时候，我们又要在心中加一块冰，让自己沸腾的心静下来，剔除那些不切实际的欲望。其实，只要我们能够真正静下心来，我们就一定会比现在好得多。

心若不惊不怖，自然自在安详

生命中，来来去去的，你能留下多少？在意的太多，容易疲惫；期盼的太多，容易失望，强求来的，永远不会真正属于我们。可是我们就是看不开、放不下、想不通，所以我们不快乐，我们总是在自己为难自己。

其实，该走的，你挽留不了，会忘的，你也铭记不住；不懂你的，你强求不来，属于你的，谁也带不走。所以说，该走就走，该留就留，学会选择，学会放弃，学会珍惜，学会遗忘。

别奢望人人都尊重你，别想着人人都懂你。在不爱你的人眼里，你苦苦的挽留只会被视作无聊的纠缠；在不懂你的人眼里，你的一举一动都是那样的荒唐和滑稽；在不欣赏你的人眼里，你的接近只能换来他的敌意。你应该珍惜的，是对自己不离不弃的人；必须遗忘的，是轻贱我们真心的人；需要感恩的，是帮助提携我们的人；务必提防的，是可能伤害我们的人。我们是要做个好人，但不要做对谁都无原则示好的人。

人有百态，事有百般，每个人都有自己的想法，每个人都会权衡自己的利益。今天对你鞍前马后的，也许明天就会毫不留情地落井下石；今天踩你几脚的那些人，说不定明天就争着捧你。是非成败转头空，人生所有的得意与失意，所有的喝彩与倒彩，到头来终究是过眼云烟，浮华如斯，心却要尘埃落定，能看得开就是智慧，看不开的就要受罪。

对事也别奢求样样如意，这个决定权不完全在你。不管成、败、荣、辱，曾经就是曾经，回忆就是回忆，偶尔怀念可以，但别沉溺在以往的故事和事故里，独自萎靡。

如果太累了，就安慰安慰自己；没人心疼你，你更要好好爱自己。烦了，就找点乐子去，别丢了心态；太忙，就忙里偷偷闲，别丢了健康。永远不要为失去的和得不到的感到遗憾，永远不要为生命中的残缺而啜泣，你没有摘到的，只是春天的一朵花，整个春天还是你的。

有一个小女孩，她总是守候在窗子边，她喜欢看世界，却很少出来接触世界。她从小得了小儿麻痹，被父母抛弃，是一个好心的婆婆将她收养，带她住在这里。

一个周末，有个小男孩在屋外的草地上踢皮球，皮球滚着滚着就不见了。男孩四下寻找，却一无所获，正当他气急败坏地准备离开时，听见一个甜甜而又腼腆的声音说道："皮球就在你后面的那个洞里。"小男孩抬头看去，看到一个长相秀丽的女孩将头探出窗外，扑闪着一双长睫毛的大眼睛给他指皮球。

男孩找到皮球，心里非常感激，便邀请女孩下来一起玩。女孩摇了摇头，躲回了屋子里。男孩又玩了好一阵子，再抬起头来，却看见那个女孩正入神地看着自己玩耍，但是，她的眼里分明有泪花。好奇心让男孩捡起皮球，来到了小女孩的窗前。

男孩再次邀请女孩一起玩，女孩早已擦干了眼泪，冲男孩露出了表示感谢的微笑，指了指自己的腿，摆了摆手。男孩的心立刻难过起来，问她："心里不好过是吗？"女孩摇摇头，随即又点点头，"偶尔会难过，但就一会儿。"女孩对男孩说，"虽然我大多时候都只能在屋子里，很渴望多见见阳光，但我知道太阳每天都会升起，它每天都绕着我的屋子整整转上一圈，我能感觉到它的温暖。"

有时候，快乐很简单，仅仅看上一眼太阳就会让人觉得生活给予了我们很多，生命是那么的充实。

如果你感觉自己活得很苦很累，不妨想想这个小姑娘。其实，你生活的悲痛，并不来自生活的刻薄，而是你太容易被外界的氛围所感染，被他人的情绪或言语所左右。你疲惫地走着，又总是在意路边荆棘，担心山雨欲来，总是担心别人不懂你，前路无知己……天气的变化，人情的冷暖，不同的风景都会影响你的心情。而现实是，这些都是你无法左右的。所以，看淡一些，看淡了，天无非阴晴，人不过聚散，何须刻意逢迎？亦不必拒人千里，自然而然便是自在。就算还有许多的对面风沙，也记得笑看悲辛，抒怀辽阔，做自己该做的事，享自己该享的福，我心不惊不怖，自然自在安详。

潇洒来去，苦乐皆成人生美味

在人生旅程中，的确有很多东西都是靠努力打拼得来的，因其来之不易，所以我们不愿意放弃。比如让一个身居高位的人放下自己的身份，忘记自己过去所取得的成就，回到平淡、朴实的生活中去，肯定不是一件容易的事情。但是有时候，你必须放下已经取得的一切，否则你所拥有的反而会成为你生命的桎梏。

生命的整个过程不会总是一帆风顺，成与败，得与失，都是这过程的装饰，一路走来繁花锦簇也好，萧瑟凄凉也罢，终究会成为过眼云烟，重要的是自己心里的感受。

《茶馆》中常四爷有句台词："旗人没了，也没有皇粮可以吃了，我卖菜去，有什么了不起的？"他哈哈一笑。可孙二爷呢："我舍不得脱下大褂啊，我脱下大褂谁还会看得起我啊？"于是，他就永远穿着自己的灰大褂，可他就没法生存，他只能永远伴着他那只黄鸟。

生活中，很多人舍不得放下所得，这是一种视野狭隘的表现，这种狭隘不但使他们享受不到"得到"的幸福与快乐，反而会给他们招来杀身之祸。秦朝的李斯，就是这样的一个很好的例证。

李斯曾经位居丞相之职，一人之下，万人之上，荣耀一时，权倾朝野，虽然当他达到权力地位顶峰之时，曾多次回忆起恩师"物忌太盛"的话，希望回家乡过那种悠闲自得、无忧无虑的生活，但由于贪恋权力和富贵，所以始终未能离开官场，最终被奸臣陷害，不但身首异处，而且殃及三族。李斯是在临死之时才幡然醒悟的，他在临刑前，拉着二儿子的手说："真想带着你哥和你，回一趟上蔡老家，再出城东门，牵着黄犬，逐猎狡兔，可惜，现在太晚了！"

心理专家分析，一个人若是能在适当的时间选择做短暂的"隐退"，不论是自愿的还是被迫的，都是一个很好的转机，因为它能让你留出时间观察和思考，使你在独处的时候找到自己内在的真正的世界。尽管掌声能给人带来满足感，但是大多数人在舞台上的时候，其实却没有办法做到放松，因为他们正处于高度的紧张状态，反而是离开自己当主角的舞台后，才能真正享受到轻松自在。虽然失去掌声令人惋惜，但"隐退"是为了进行更深层次的学习，一方面挖掘自己的潜力，一方面重新上发条，平衡日后的生活。

作家小尹曾经做过杂志主编，翻译出版过许多知名畅销书，她在40岁事业最巅峰的时候退下来选择了当个自由人，重新思考人生的出路，后来她说："在其位的时候总觉得什么都不能舍，一旦真的舍了之后，才发现好像什么都可以舍。"

事实上，全身而退是一种智慧和境界。为什么非要得到一切呢？活着就是老天最大的恩赐，健康就是财富，你对人生要求越少，你的人生就会越快乐。对于我们这些平凡人来说，能怀一颗平常善良之心，淡泊名利，对他人宽容，对生活不挑剔、不苛求、不怨恨。富不行无义，贫不起贪心，这就是一种人生的练达。

得失成败，人生在所难免；潇洒来去，苦乐皆成人生美味。

此心常放平常处，宠亦泰然，辱亦淡然

　　世间万事皆空，心中空明，荣辱不惊，其要点便在于修心。我们普通人的心灵修炼也是如此，需要一份定力，不因荣而骄，亦不因辱焦虑，荣辱不惊，保持平常心。这是人生的一种境界，它不是平庸，它是来自灵魂深处的表白，是源于对现实清醒的认识。人生在世，不见得都会权倾四野和威风八面，也就是说最舒心的享受不一定是荣誉的满足，而是性情的安然与恬淡。因此说，荣辱不惊，用一颗平常心去对待、解析生活，我们才能领悟到生活的真谛。

　　其实，我们本就很平常——平常的人、平常的生命、过着平常的生活，只是有些时候，我们的心"不平常"了，我们刻意去追求一些虚无的东西，或者说我们把一些无谓的东西看得过重，于是我们开始忧喜焦虑、若疯若狂。这很不好，这会让我们的身与心承载过大的负荷，所以多数时候，我们活得很累。大家看看那些悟透人生真谛的人，他们就不会这样，他们总是把心放在平常处，不以物喜，也不以己悲，所以他们活得总是那么地恬然。

　　居里夫人曾两度获得诺贝尔奖，得奖出名之后，她照样钻进实验室里，埋头苦干，而把象征成功和荣誉的金质奖章给小女儿当玩具。

一些客人眼见此景非常惊讶，而居里夫人却淡然地笑了，她说："我要让孩子们从小就知道，荣誉就像玩具一样，只能玩玩罢了，绝不能永远地守着它，否则你将一事无成。"

多么精辟的一句话，不管是荣誉还是其他，你若是把它看得太重，一心想着它、念着它，对它的期望过高，那么心就一定会乱。于是有点成绩便沾沾自喜、洋洋自得，受了挫折就垂头丧气、哭天抢地，试想在这样的状态下，我们又怎能安下心做事？所以说，人还是随性一些好，让心中多一点得失随缘的修为，这样，纵使身处逆境，我们依然能够从容自若，以超然的心情看待苦乐年华，以平常的心情面对一切荣辱，这也就是人们常说的"荣辱不惊"。人生在世，生活中有褒有贬，有毁有誉，有荣有辱，这是人生的寻常际遇，不足为奇。但我们对于这些事情的态度却需要有所注意。有一些人，面对从天而降的灾难，处之泰然，总能使平常和开朗永驻心中；也有一些人面对突变而方寸大乱，甚至一蹶不振，从此浑浑噩噩。为什么受到同样的心理刺激，不同的人会产生如此大的反差呢？原因在于能否保持一颗平常心，荣辱不惊。

著名女作家冰心曾亲笔写下这样一句话："有了爱就有了一切。"看到这句话，不禁让人感到一种身心的净化，受到一种圣洁灵魂的感染。在冰心的身上，永远看到的是一个人生命力的旺盛，看到的是一颗跳动了近百年的、在思考、在奋斗的年轻、从容的心。有一段时间，冰心曾在中国作协做扫厕所的工作，六十多岁的老人每天早上六点赶车上班。她老了之后尽管行动不便，每早起床就大量阅报读刊，了解文坛动态，然后就握笔为文，小说、散文、杂文、自传、评论、序跋，无所不写。在遗嘱里她还写下了这样的句子："我悄悄地来到这个世上，也愿意悄悄地离去。"

这才是淡定的人生——成功时不心花怒放，莺歌燕舞，纵情狂欢；失败时也绝不愁眉紧锁，茶饭不思，夜不能寐。拥有了一颗平常心，我们就拥有了一种超然、一种豁达，故达观者宠亦泰然，辱亦淡然。成功了，我们就向所有支持者和反对者致以满足的微笑；失败了，我们就转过身揩干痛苦的泪水。这样，你做不做得到？

　　事实上只要想明了、悟透了，我们每个人都做得到。我们根本不需要在意外界带给我们的刺激，就算我们现在身份卑微，也不必愁眉苦脸，完全可以快乐地抬起头，尽情享受阳光；就算我们没有骄人的学历，也不必怨天尤人，完全可以保持一种积极的人生态度；当我们出入豪华场所，也不必为自己过时的衣着而羞愧；遇见大款老板、高官名人，也无须点头哈腰，不妨礼貌地与他们点头微笑。也就是说，我们根本不必去羡慕别人如何如何，只要我们拥有一份平和的心态，尽自己所能，选择自己的人生目标，勇敢地面对人生的各种挑战，无愧于社会、无愧于他人、无愧于自己，那么，我们的人生就是坚实厚重的。

在热闹之中，给自己找一个安静的位置

　　庄子说，"日与心搏"。很多人都是这样，内心澄净的时候少，躁乱的时候多，将大量精力投入到与内心的搏斗之中：有所得之时，兴奋之情溢于言表；有所失时，则伤心欲绝、不能自已；心有所虑，食不下咽、辗转难眠；心有所思，眉黛紧锁、日渐憔悴……得失爱恨，无不心潮迭起，心态失衡，久久无法平静。人若这样活着，若说不累，便是怪了。

其实，真的很累。然而，活着，就要经历这个世界的沧桑变幻，就要体会这人世间的得失爱恨、是是非非，很无奈，因为这是一种必然，我们无力改变。不过，我们可以改变自己的心境，情由心生，如果说我们能让自己的心释然一些，淡看春花秋月，淡看沧海桑田，淡看人世间的是是非非、错综复杂，我们就能卸下那份负累，活得恬然自得，悠然自在。

"淡泊宁静"，譬如老子的"恬淡为上，胜而不美"、香山居士的"身心转恬泰，烟景弥淡泊"，讲的都是这个。武侯诸葛亮对此剖析得则更为透彻，他在《诫子书》中说道："夫君子之行，静以修身，俭以养德。非淡泊无以明志，非宁静无以致远。夫学须静也，才须学也。非学无以广才，非志无以成学。慆慢则不能励精，险躁则不能冶性。年与时驰，意与日去，遂成枯落，多不接世。悲守穷庐，将复何及！"——寥寥数语，字字精辟，千年之后我辈读起，仍有清新澄澈之感侵入心头，似一汪圣水在洗涤心灵。

然而，人性毕竟太过软弱，常经不起喧嚣尘世的折磨。于是我们之中有些人贪恋富贵，遂被富贵折磨得寝食难安；有些人沉迷酒色，从此陷入酒池肉林，日益沉沦；有些人追逐名利，致使心灵被套上名缰利锁，面容骤变，一脸奴相……试想，倘若我们心中能够多一些淡泊，能够参透"人闲桂花落，夜静春山空；月出惊山鸟，时鸣春涧中"的意境，是不是就能在宁静中得到升华，抛弃尘滓，让心从此变得清澈剔透？

　　这是不言而喻的，你看那古今圣贤，哪个不是以"淡泊、宁静"为修身之道？在他们看来，做人，唯有心地干净，方可博古通今，学习圣贤的美德。若非如此，每见好的行为就偷偷地用来满足自己的私欲，听到一句好话就借以来掩盖自己的缺点，这是不能领悟人生大境界的。

　　近期，读了赖声川的《赖声川的创意学》以及蔡志忠的《漫画天才学习法每个人都是天才，只是自己不相信！》。

　　这两个人可能大家不是很熟悉。

　　赖声川的舞台剧则以不断推陈出新广受赞誉；蔡志忠的漫画将先贤的智慧从晦涩的古文中释放出来，以轻松幽默的方式展现给读者，可以说是传承古文化的一大功臣。

　　你去细品他们的作品就会发现，这两个人有一个共通点：他们都懂得"静心"。

　　赖声川发现了创意来自生活的经验和静心的修炼；蔡志忠在创作过程中不知不觉被佛、道两家的思想所熏陶，由此境界不断提升。

　　可以说，这些人的成功，都源于他们突破了世俗和自我的框框。

　　读书修学，在于安于贫寒心的安宁。美文佳作，却是人间真情。心地无瑕，犹如璞玉，不用雕琢，而性情如水，不用矫饰，却馥郁芬芳。读书寂寞，文章贫寒，不用人家夸赞溢美，却尽得天机妙味，体理自然。

　　可见，淡泊的意境并非遥不可及，重点在于认清淡泊的真义。对于淡泊的错误解读有两种，一种是躲避人生，一种是不求作为，前者消极避世、废弃生活之根本，却冠冕堂皇地冠以淡泊之名，淡泊由此成了一种美丽的托词；后者将淡泊与庸碌相提并论，扭曲真意，于是淡泊不幸沦为不求上进、不求作为的借口，实在亵渎这种超脱的意境。

其实淡泊并非单纯地安贫乐道。淡泊实为一种傲岸，其间更是蕴藏着平和。为人若能淡看名利得失，摆脱世俗纷扰，则身无羁勒，心无尘杂，由此志向才能明确和坚定，不会被外物所扰。

淡泊不是人生的目标，而是人生的态度。为人一世，自然要志存高远，但处世的态度则应尽量从容平淡，谦虚低调，荣辱不惊，在日常的积累中使人生走向丰富。当人生达到一定高度时，再回归平淡，盛时常作衰时想，超脱物累，与白云共游。

淡泊宁静所求的是心灵的洁净，禅意盎然。淡泊生于心的宁静，倘若内心焦躁，即便我们有心修行淡泊的境界，亦是枉然，更别提淡泊明志、宁静致远了。相反，倘若我们内心宁静，就不会流连于市井之中，不会被声色犬马扰乱心智。心中宁静，则智慧升华，我们的灵魂亦会因智慧得到自由和永恒。

不管世界多么热闹，热闹永远只占据世界的一小部分，热闹之外的世界无边无际，那里有着"我"的位置，一个安静的位置。这就好像在海边，有人弄潮，有人嬉水，有人拾贝壳，有人聚在一起高谈阔论，而"我"不妨找一个安静的角落独自坐着。是的，一个角落——在无边无际的大海边，哪里找不到这样一个角落呢——但"我"看到的却是整个大海，也许比那些热闹地聚玩的人看得更加完整。正是，"养心一涧水，习静四围山"。

守住心中的清朗，保留精神的高贵

高贵的生活不是高贵的诠释，真正决定一个人高贵与否的，不是他的身份和地位，而是在他的胸腔里跳动的是怎样的心。

贫穷的生活本身，的确不值得刻意颂扬，可身处清贫中，仍然心高洁，就会散发出人性的光芒；富贵生活本身也不是什么坏事，可富而忘本、为富不仁，无论如何也不能称之为"高贵"。

人，最大的愚昧和悲哀，莫过于在自己营造的文明中迷失而不自知。

贫与富，并不仅仅由物质来衡定，而是取决于心，物质之富，有时人力实在不能左右，但至少可以守住心中的一份傲然与清朗。

台湾著名男演员、剧作家、导演金士杰早年带领一群热爱戏剧的演员刚创办兰陵剧团时可谓一穷二白。1979年，在舞台剧几乎处于荒漠的台湾，兰陵剧团出现了。金士杰和团里的所有演员都是白天做苦力，晚上排练创作，零酬劳演出。这个剧团的成立没花什么钱，但也没赚一分钱。于是就有朋友关心金士杰怎么生存：你总有三餐不继的时候，总有付房租的时候，那时你怎么对付？

金士杰的生存方式很独特。

　　金士杰有个朋友家境很好，有次金士杰去她家里做客，吃饭时，他吃着吃着就感叹起来："桌上菜这么多，都很好吃。你们平常都这样吃吗？每次吃不完怎么办？"朋友答："还能怎么办呢，该倒就倒掉。"

　　金士杰顿时两眼放光："那让我来替你们做一个义务的食客怎么样？"朋友拍掌说："很好，欢迎欢迎！"

　　金士杰却一本正经地说："你先别着急欢迎。我们先把条件说清楚：第一，我不定时来，但我来之前会先打电话问清楚你家有没有剩饭、方不方便，有且方便的话，我就来；第二，我来只吃剩饭，等你们家人全部吃饱撤了，确定摆的都是剩饭剩菜我才开吃，而且，不可以因为我来就故意加一个菜，那样就算犯规；第三，我吃剩菜剩饭的时候旁边不可以站着人，因为他（她）一旦和我打招呼，我就得很客气地回应，这样客套来客套去我就没办法当专业食客了；第四，吃完之后我要很干净利落地走，不可以有人跟我说再见，如果非得这样客套的话，我心里就会有负担，那样下次我就不来了。总结一句话：我要完全没有负担地当一名剩菜剩饭的食客。"

　　朋友听完他的话觉得很逗，当场就答应了所有条件。此后，金士杰果真好几次去朋友家当食客，吃得非常开心。他还幻想着：我要有30个这样的朋友，一个月就能过得蛮富足。

　　抱着这样的心态过苦日子，金士杰带领剧团一路坚持下来。第一次演出，他们还是没有钱。离他们不远的地方有个大礼堂闲置着没人使用，他们就把那里打扫出来当舞台；没服装，他们就各自掏腰包买一套功夫裤穿在身上；没灯光，他们就各自从家里搬来一两个打麻将用的麻将灯，再加长电线，往插板上一插，灯就亮了；没东西化妆，他们就素颜上场；没有人宣传，他们就自己拿来纸笔，涂涂画画，一张大海报就贴到了台湾师范大学的门口。

一切准备就绪。演出那天，观众席只坐了二三十人，人不多，但大部分人都是台北文化界的精英。他们看完演出之后对金士杰这样说："台北市等你们这群人等了很久了，你们终于来了。你们要演下去，拜托你们一定要演下去！"

金士杰带领大家照做了。历经一年多的非正式演出，兰陵剧团终于走上正式的舞台。1980年，金士杰编导的《荷珠新配》参加了台湾第一届"实验剧展"，首演一炮而红。一时间，兰陵剧团声名大噪，金士杰也一跃成为台湾现代剧场的领军人物之一。

多年之后金士杰将当年自己当"专业食客"的事情说给一堆人听。说完之后他感慨："我说这些事，除了好玩，除了说明我的脸皮厚以外，还有个很重要的原因。我觉得，我们的这种穷完全不需要自卑，不需要脸红，因为我深深知道我们在做什么——我们把我们的头脑、智慧、创作拿出来献给社会，以至于我们没有工夫赚钱。我们是在做很重要的事情，所以，从某种意义上来说，我们这个穷不是穷，而是富，不是缺，而是足。"

人，应该平静地面对生活给予的一切，不要让心迷失在纸醉金迷的世界中。因为一旦心灵上有了缺口，那么冷风就会肆无忌惮地在其中来回穿行，让人终生失去温暖，变得孤单而寒冷。

有高贵的心，就算身陷淤泥之中，也能开出不染的莲花。古人说："托钵僧之心始可贵。"包含着对人性终极意义的深刻领悟。那些说"斯是陋室，惟吾德馨"的人，必是高贵之人，他们虽然贫寒，匮乏，却活得坦然，从容，人穷而德馨。

也许，在今天的社会里，要做到这一点很不容易，一般人都无法坦然面对穷富，无法在心理上达到平衡。其实，与充满金钱的生活相比，平淡清贫不存在真正意义上的缺失和悬殊。对一个人来说，最重要的是心灵上的富足与高贵。

尊重自己的本性，别对这个世界盲从

凡尘俗世的纷繁芜杂使我们渐染失于心性的杂色。每一次的呈现都多了一点修饰，每一次的语言都少了一分真实。习惯于疲惫地伪装，总以为这样就可以赢得更多，过得更好。蓦然回首，那些希冀着的，仍需希冀，那些渴盼着的，仍需渴盼。唯独改变了的是自己的本性。扪心自问："我是否在意过自己最真实的内心世界？尊重过自己的本性？"心会告诉你那个最真实的答案。有多少人曾想过改变自己，以追逐想要的一切，到头来才发现，自己做了一个邯郸学步的寿陵少年，不仅没有得到自己想要的，还丢了自己最初拥有的。那么，当初为什么就不能尊重自己的本性，做那个最真的自己？

更多的时候，我们总把眼光放在外界，追逐于自己所想的美好事物，常常忽视了自己的本性，在利欲的诱惑中迷失了自己，所以才终日惶惶，患得患失。如果能明白自己的本性，坚守自己的心灵领地，又何必自悔自恼呢？

237

诗人卞之琳写道："你站在桥上看风景，看风景的人在楼上看你。"带着妻儿到乡间散步，这当然是一道风景；带着情人在歌厅摇曳，也是一种情调；富商大贾静下心来，有时会羡慕那些路灯下对弈的老百姓，可是平民百姓没有一个不期盼来日能出人头地的；拖家带口的人羡慕独身的自在洒脱，独身者却又对儿女绕膝的那种天伦之乐心向往之……

　　皇帝有皇帝的烦恼，乞儿有乞儿的欢乐。乞儿的朱元璋变成了皇帝，皇帝的溥仪变成了平民，四季交错，风云不定。一幅曾获世界大赛金奖的漫画画出了深意：第一幅是两个鱼缸里对望的鱼，第二幅是两个鱼缸里的鱼相互跃进对方的鱼缸，第三幅和第一幅一模一样，换了鱼缸的鱼又在对望着。

　　我们常常会羡慕和追求别人的美丽，却忘了尊重自己的本性，稍一受外界的诱惑就可能随波逐流，事实上，每一个人都有自己独有的优点和潜力，只要你能认识到自己的这些优点，并使之充分发挥，你就能成为最好的自己。

　　王羲之伯父王导的朋友太尉郗鉴想给女儿择婿。他知道丞相王导家的子弟个个相貌堂堂，于是请门客到王家选婿。王家子弟知道之后，一个个精心修饰，规规矩矩地坐在学堂，看似在读书，心却不知飞到哪儿去了。唯有东边书案上，有一个人与众不同，他还像平常一样很随便，聚精会神地写字，天虽不热，他却热得解开上衣，露出了肚皮，并一边写字一边无拘无束地吃馒头。当门客回去把这些情形如实告知太尉时，太尉一下子就选中了那个不拘小节的王羲之。

　　结果如此，是因为太尉认为王羲之是一个敢露真性情的人。他尊重自己的本性，不会因外物的诱惑而屈从盲动，这样的人可成大器。

所以，做人没有必要总是做一个跟从者，一个旁观者，只需知道自己的本性就足可以成为一道风景。不从外物取物，而从内心取心，先树自己，再造一切，这才是你首先要做的。

活得真实些，别给生命戴上厚重的面具

有些人可能习惯了戴着面具生活，他们煞费苦心地掩盖自己的某些不足和缺陷、身世和背景，或是将自己置身于一个虚幻的境界之中，这是非常无知和自卑的。这些人企图以一个十全十美、无所不能的形象出现在别人面前，以此来博得大家的爱戴和尊敬，殊不知这样做是徒劳无益的，到头来反而还会使自己落到非常尴尬的境地。因为假的、虚的东西，总是非常短命的，就像烟雾再浓密总会散去，彩虹再美总是短暂，海市蜃楼再壮观总会消失一样，虚伪就如同大雪覆盖下的荒原，春天到来，冰雪融化，贫瘠、荒凉的面貌就会暴露无遗。

曾看到这样一个故事，很值得我们深思：

有一位女子，出身一个平常的家庭，做一份平常的工作，嫁了一个平常的丈夫，有一个平常的家，总之，她十分平常。

忽然有一天，报纸大张旗鼓地招聘一名特型演员，演王妃。

她的一位好心朋友替她寄去一张应聘照片，没想到，这个平常女子从此开始了她的"王妃"生涯。

太艰难了，她阅读了大量的关于王妃的书，她细心揣摩王妃的每一缕心事，她一再地重复王妃的一言一行、一颦一笑……

不像，不像，这不像，那也不像！导演、摄影师无比挑剔，一次又一次让她重来……

现在，平常女子已能驾轻就熟地扮演"王妃"了，进入角色已无须费多少时间。糟糕的是，现在她想要回复到那个平常的自己却非常地困难，有时要整整折腾一个晚上。每天早晨醒来，她必须一再提醒自己"我是××"，以防止毫无理由地对人颐指气使；在与善良的丈夫和活泼的女儿相处时，她必须一再地告诉自己"我是××"，以避免莫名其妙地对他们喜怒无常。

平常女子深有感触地对人说："一个享受过优厚待遇和至高尊崇的人，回复平常实在太难了。"

说这话时，她仍然像个"王妃"。

所谓假作真时真亦假，许多人都是这样被"戏装"异化了，以至于曲终人散后，还卸不下妆来，也找不到自己。蓦然回首，那些希冀着的，仍需希冀，那些渴盼着的，仍需渴盼。唯独改变了的是自己的本性。扪心自问："我是否在意过自己最真实的内心世界？尊重过自己的本性？"心真的会告诉我们那个最真实的答案。

人，活着不是装给别人看的，不是为别人的观念而活着的。每个人都有每个人的活法，为什么要让别人肯定，自己心里才会舒服呢？莫不如活得真实一些，也许我们身上穿的不是金缕玉衣，戴的不是翡翠玉石，但我们的内心深处，同样可以拥有一种坦然，一种摆脱一切伪装的自在。

我们要活得真实一些，去面对现实，面对理想与现实之间的差距，只有这样，我们才会稳下心来，为自己的理想与生活去打拼，才能展现出我们自己真正的实力；也只有这样，我们的腰杆才能直直地挺起，才不会在朋友面前谈到自己时，心里发虚。

活得真实一些吧，活得真实一些，我们就能坦荡无悔地走过此生。

简单平淡，才是生活的真滋味

人生之旅，去日不远，来日无多，权与势，名与利……统统都是过眼烟云，只有淡泊才是人生的永恒。

生活需要简单来沉淀。跳出忙碌的圈子，丢掉过高的期望，走进自己的内心，认真地体验生活、享受生活，你会发现生活原本就是简单而富有乐趣的。简单生活不是忙碌的生活，也不是贫乏的生活，它只是一种不让自己迷失的方法，你可以因此抛弃那些纷繁而无意义的生活，全身心投入你的生活，体验生命的激情和至高境界。

面对生活，我们的内心会发出微弱的呼唤，只有躲开外在的嘈杂喧闹，静静聆听并听从它，你才会做出正确的选择，否则，你将在匆忙喧闹的生活中迷失，找不到真正的自我。

一些过高的期望其实并不能给你带来快乐，但却一直左右着我们的生活：拥有宽敞豪华的寓所；幸福的婚姻；让孩子享受最好的教育，成为最有出息的人；努力工作以争取更高的社会地位；能买高档商品，穿名贵的时装；跟上流行的大潮，永不落伍。要想过一种简单的生活，改变这些过高期望是很重要的。富裕奢华的生活需要付出巨大的代价，而且并不能相应地给人带来幸福。如果我们降低对物质的需求，改变这种奢华的生活方式，我们将节省更多的时间充实自己。清闲的生活将让人更加自信果敢，珍视人与人之间的情感，提高生活质量。幸福、快乐、轻松是简单生活追求的目标。这样的生活更能让人认识到生命的真谛所在。

一个夏天的夜晚，12岁的儿子问爸爸："我如何才能让自己快乐长存？"爸爸微微一笑，反问道："你认为呢？"儿子摇摇头。爸爸站起来对他说："你随我来。"儿子随着爸爸到了家里的花园。爸爸站定，盯着一株待开的昙花，儿子也默默地注视着，过了一会儿，只听那昙花瓣瓣啪啪的，没有几分钟就将自己的美丽一展无遗。而其他的花，却几乎看不到那开放时的样子。到了清晨，昙花那惊艳的美渐渐消逝，而其他的花却在太阳的抚慰下，依然默默地展现着自己的美。儿子一下子明白了爸爸的用意，知道了安守平淡的可贵。

发生在人与人之间的爱情也是如此。

有一种爱情像烈火般地燃烧，刹那间放射出绚丽的光芒，能将两颗心迅速融化；也有一种爱情像春天的小雨，悄无声息地滋润着对方的心灵。前者激烈却短暂，后者平淡却长久。其实，生活的常态是平淡中透着幸福，爱情归于平淡后的生活虽然朴实但很温馨。

爱不在于瞬间的悸动，而在于共同的感动与守候。

有一对中年夫妇，是朝九晚五的上班一族。每天早上，先生都扛着自行车下楼，妻子拿着包，一手拿一个男式公文包，一手挎个女式包。走出楼梯口以后，先生放定了自行车，接过妻子手中的两个包，把它们放在车筐里，然后再仔细地调试一下车铃、刹车，再回头让妻子在车后座坐稳了，最后才跨上车用力一蹬，车子载着他们平稳地向前驶去。

先生从来都不会忘记回过头关照一下他的妻子，只见她如小公主一般幸福地坐在车后座上，双手优雅地搂着丈夫的腰，脸上洋溢着满足。先生举手投足间则透着对妻子的关爱，而妻子满脸的幸福也是对丈夫最好的报答。

几十年来，无数个朝朝暮暮，他们都是这么平静地生活着。岁月在他们脸上毫不留情地留下了皱纹，然而他们的心却依然年轻，仿佛还是热恋中的少男少女。骑着自行车的男人对妻子的爱虽然谈不上奢侈，但却是最朴实、最真切、最贴心的，它细微而持久，有如三月春雨沥沥地轻洒在妻子的心田。

这就是地老天荒的爱情，不必刻意追求什么轰轰烈烈的感觉；生活的点滴之中，就有一种"执子之手，与子偕老"的默契。细水长流的爱情，像春风拂过，轻轻柔柔，一派和煦，让人沉醉入迷。

耀眼的烟花很美，可那瞬间的绽放之后，就不再留存任何开放的痕迹。平淡之中的况味才值得细细体味，因为那才是生活真实的滋味。